U0355194

基于熵理论的武器装备建设发展模式及实现路径

Development Mode and Path of Weapon Equipment Construction Based on Entropy Theory

蒋玉娇　李晓松　吕　彬　肖振华　著

国防工業出版社

·北京·

内 容 简 介

本书紧紧围绕武器装备建设发展的重大现实问题，从熵理论的视角，论述了武器装备建设发展模式及路径等方面问题。本书可作为普通高等院校军事装备学、运筹学、管理决策等专业的培训教材，也可以供相关科研院所的研究人员以及从事武器装备建设管理决策实践工作的人员参考。

This book focuses on the major practical problems of the development of weapon equipment construction, and studies the development mode and path of weapon equipment construction from the perspective of entropy theory. This book can be used as a training material for the majors of military equipment science, operational research, management and decision-making, etc. It also can be a reference for the researchers of scientific research institutions and colleges, as well as the personnel engaged in the practical work of weapon equipment construction management and decision-making.

图书在版编目（CIP）数据

基于熵理论的武器装备建设发展模式及实现路径 / 蒋玉娇等著．—北京：国防工业出版社，2023.4
ISBN 978-7-118-12825-3

Ⅰ．①基… Ⅱ．①蒋… Ⅲ．①武器装备-研究 Ⅳ．①E145

中国国家版本馆 CIP 数据核字（2023）第 065318 号

※

国防工业出版社出版发行
（北京市海淀区紫竹院南路 23 号　邮政编码 100048）
三河市腾飞印务有限公司印刷
新华书店经售

*

开本 710×1000　1/16　**印张** 10¼　**字数** 168 千字
2023 年 4 月第 1 版第 1 次印刷　**印数** 1—2000 册　**定价** 88.00 元

国防书店：（010）88540777　　书店传真：（010）88540776
发行业务：（010）88540717　　发行传真：（010）88540762

致 读 者

本书由中央军委装备发展部**国防科技图书出版基金**资助出版。

为了促进国防科技和武器装备发展，加强社会主义物质文明和精神文明建设，培养优秀科技人才，确保国防科技优秀图书的出版，原国防科工委于1988年初决定每年拨出专款，设立国防科技图书出版基金，成立评审委员会，扶持、审定出版国防科技优秀图书。这是一项具有深远意义的创举。

国防科技图书出版基金资助的对象是：

1. 在国防科学技术领域中，学术水平高，内容有创见，在学科上居领先地位的基础科学理论图书；在工程技术理论方面有突破的应用科学专著。

2. 学术思想新颖，内容具体、实用，对国防科技和武器装备发展具有较大推动作用的专著；密切结合国防现代化和武器装备现代化需要的高新技术内容的专著。

3. 有重要发展前景和有重大开拓使用价值，密切结合国防现代化和武器装备现代化需要的新工艺、新材料内容的专著。

4. 填补目前我国科技领域空白并具有军事应用前景的薄弱学科和边缘学科的科技图书。

国防科技图书出版基金评审委员会在中央军委装备发展部的领导下开展工作，负责掌握出版基金的使用方向，评审受理的图书选题，决定资助的图书选题和资助金额，以及决定中断或取消资助等。经评审给予资助的图书，由国防工业出版社出版发行。

国防科技和武器装备发展已经取得了举世瞩目的成就，国防科技图书承担着记载和弘扬这些成就，积累和传播科技知识的使命。开展好评审工作，使有限的基金发挥出巨大的效能，需要不断摸索、认真总结和及时改进，更需要国防科技和武器装备建设战线广大科技工作者、专家、教授，以及社会各界朋友的热情支持。

让我们携起手来，为祖国昌盛、科技腾飞、出版繁荣而共同奋斗！

国防科技图书出版基金

评审委员会

前言

武器装备建设主要围绕构建符合军事行动需求的武器装备体系开展各项活动，其直接目的是为军事行动提供高质量、高性能、高可靠性，且价格合理的武器装备，同时兼顾社会经济的可持续发展。武器装备建设发展模式是武器装备建设发展过程中，由诸多要素相互作用而构成的有机体系，用以提高武器装备建设水平的过程和方式，是武器装备建设发展构成要素的结构形式及其在资源配置过程中表现出来的总体特征。武器装备建设发展路径是武器装备建设发展过程中，为实现武器装备现代化所采取的办法、措施。经过长期的摸索和艰苦卓绝的奋斗，我国武器装备发展建设形成了相对完善的管理体制、运行机制与政策法规体系，初步打破了武器装备市场孤立封闭的局面，使武器装备市场与外部环境的物质、能量与信息交流不断增加，武器装备建设发展的有序程度在实践中得到了提高。

本书遵循国家和军队有关武器装备建设发展的重要指示和有关要求，运用定性分析与定量分析相结合、理论研究与实证研究相结合的方法，充分借鉴国防经济学、运筹学、系统工程等学科的理论知识，采用制度变迁、因子分析法、熵、产业链、系统动力学等方法模型；立足军方视角，按照“需求牵引、立足现状、借鉴国外、顶层设计、宏观分析、微观设计、定性描述、定量建模”的原则，贯以“基本概念—基础理论—要素分析—指标构建—模式分析—路径设计”的研究思路；在探索研究武器装备建设发展基本规律的基础上，针对不同武器装备建设领域发展的有序程度差异，从熵理论的视角出发对武器装备建设的熵增与熵减进行了分析；构建了武器装备建设发展的熵模型，提供了评价不同装备建设领域发展有序程度的方法，并以有序熵为变量建立了武器装备建设发展模式选择模型，为不同武器装备建设领域合理选择发展模式、科学规划发展路径提供了理论参考。本书由吕彬总体策划和指导，蒋玉娇、李晓松、吕彬、肖振华等人撰写。

第1章分析从熵理论视角开展武器装备建设发展模式与路径研究的背景和意义，界定相关概念，综述武器装备建设的国内外现状和存在问题，借鉴了国外武器装备建设发展主要做法和成功经验，提出本书的主要研究内容。

第2章阐述熵应用、熵思想、管理熵、耗散结构理论等，并提出武器装备建设发展的熵特征、熵思想和自适应性。

第3章总结我国武器装备建设发展的基本原则与规律，从宏观、中观、微观三个层面梳理影响武器装备建设发展的内外部因素，利用因子分析法对影响因素之间的相关性进行研究分析，提取关键因素，分析关键因素命名的内涵，为构建武器装备建设发展有序熵模型及评价指标体系提供了依据。

第4章阐述武器装备建设的熵增过程和熵减原理，分析武器装备建设的熵增来源与熵减来源，构建武器装备建设发展有序熵概念模型、数学模型以及评价指标体系，并进行实例分析，验证了所建模型的可操作性。

第5章从制度变迁的角度提出武器装备建设发展模式建立的依据；根据制度变迁主体与变迁方式的不同，建立行政主导型与市场运作型两种发展模式，并给出具体样式；运用隶属函数，构建基于有序熵的武器装备建设发展模式选择模型，规划了武器装备建设有序发展路径的4个阶段，并以某航空装备维修领域建设发展为例，对发展模式选择进行了分析。

第6章系统分析武器装备建设发展基本路径，建立因果关系图、系统流图以及系统动力学方程，构建了武器装备建设发展系统动力学模型。通过模型的动态仿真，验证所建立武器装备建设发展模式的可行性，通过参数调整，得出加强不同关键因素建设对降低武器装备建设发展有序熵的影响。根据仿真结果以及不同阶段所选武器装备建设发展模式类型，对发展路径各个阶段的具体任务与实施策略进行了分析，为推进不同领域武器装备建设有序发展提供一定的决策支撑。

武器装备建设发展是贯穿强军兴军征程全过程的一项基础性工作，武器装备建设发展研究是一项具有历史性、传承性、长期性的工作，仅以此作为该项研究工作的一砖瓦献出浅薄之见，互励共勉。

由于保密原因，本书对所列案例的部分数据进行了模糊处理，但这并不影响模型的可信度和结论的拟真性。本书写作过程中，作者查阅参考国内外众多学者的研究著作，从中吸取了很多有益经验与启示，在此，对这些学者为武器装备建设发展理论研究所做的贡献表示崇高敬意，并对引用他们的成果感到荣幸。感谢国防工业出版社支持和国防科技图书出版基金资助，感谢武器装备建设研究领域专家的关心、指导和帮助。

由于时间仓促和作者水平有限，书中部分情况和研究内容可能有失偏颇，不妥之处敬请批评指正。谨以此书，向武器装备建设领域的研究者和实践者表示最崇高致敬！

作　者

目 录

Contents

第1章 武器装备建设发展模式与路径概述

1.1 研究背景及意义

世界时刻处于大发展、大变革、大调整之中，当前，国际局势虽保持了总体的和平与稳定，但复杂的利益格局使国际环境中各类不安定、不稳定、不确定的因素增多。我国正处于由大向强关键阶段，既要应对发展阻力，又要经受外部制约与安全考验。传统的武器装备建设方式逐渐满足不了信息化、智能化战争的要求，推进武器装备建设转型迫在眉睫。充分运用国家一切可以利用的先进资源发展武器装备，将武器装备科研、生产与维修保障根植于国家科技发展与经济建设之中成为武器装备建设发展的时代抉择。利用市场经济规律推动武器装备建设发展，是对原有武器装备建设发展系统的一种改造，通过基于熵理论的武器装备建设发展模式及实现途径研究解决对这种改造的定性定量描述问题。本书从熵理论的视角出发，对武器装备建设发展模式与路径进行研究，对于更好地把握武器装备建设发展的本质与规律，选择适合我国国情与军情的发展模式，科学规划发展路径，提高武器装备建设能力、构建一体化的国家战略体系和能力具有重要意义。

1.1.1 理论意义

1. 有利于促进我军武器装备建设理论的发展

武器装备建设理论是实现武器装备现代化建设的理论先导，只有从实际出发，不断加强对武器装备建设理论的探索与研究，逐步形成与我国国情和军情相适应的武器装备建设理论体系，才能更好地作用于武器装备建设实践，进而提高武器装备建设水平。在充分借鉴相关理论成果的基础上，尝试从熵理论的视角出发，对武器装备建设发展模式与路径进行研究，为武器装备建设理论创新提供了新视角、新思路、新方法，有利于推动我军武器装备建设理论的创新与发展。

2. 有利于促进相关军事学科理论的发展

客观事物之间普遍存在联系，任何事物都不可能不与其他事物发生联系，而孤立地存在于封闭的系统之中。学科的发展亦是如此，往往需要以其他学科的理论知识为工具，拓展研究问题的思路，以解决发展演进过程中遇到的新问题。研究基于有序熵的武器装备建设发展模式与路径，需要综合运用到系统科学、军事装备学、国防经济学、管理学等相关学科的知识，具有鲜明的跨学科特点。由于知识的无边界性与相通性，使得研究能够进一步促进它们相互之间的融合与发展。同时，知识之间的关联性能够扩展相关学科的研究内容与研究范围，从而促进其进一步完善与发展。

1.1.2 现实意义

1. 有利于促进我军武器装备建设与管理水平的提高

实现武器装备现代化建设，需要充分发挥新型举国体制力量，科学统筹、优化配置军地各种力量资源，协同推进武器装备建设快速发展。研究基于熵理论的武器装备建设发展模式与实现路径，能够进一步揭示武器装备建设有序发展的本质与规律，明确在武器装备建设发展过程中各参与主体之间的权责关系，为武器装备建设管理机构的设置、战略规划的制定、政策法规的完善、运行机制的建立健全提供一定的理论参考，帮助各参与主体牢固树立武器装备建设发展大局意识，加大军民两用技术的开发与应用；帮助各类承制单位准确把握武器装备建设发展本质与规律，更好地参与武器装备科研、生产与维修保障；共同营造良好的制度环境和市场环境，从而进一步提高我军武器装备建设与管理水平。

2. 有利于促进武器装备建设跨越式发展

推动武器装备建设跨越式发展，是全面建成世界一流军队的重要途径。立足我国现有国情和军情，结合武器装备发展的现实需求，从熵理论的视角出发，研究武器装备建设的熵增原理与熵减过程，构建武器装备建设发展有序熵评价指标体系，探索不同武器装备建设领域“最可行”的发展模式，科学规划武器装备建设的发展路径，对于深入挖掘武器装备建设的动力机制，提高武器装备建设水平，进一步推动武器装备建设发展向更高层次、更广范围和更深程度发展具有重要意义。

3. 有利于科学评价不同武器装备建设领域现代化发展的进程

武器装备建设涉及的内容多、领域广，推动武器装备建设深度发展需要结合不同行业领域的特点循序渐进地进行。不同行业领域的武器装备在科技含量、技术性能、工作环境、保密要求等方面千差万别，导致在发展过程中所形成的军地资源配置能力各不相同，发展的有序程度也不同。开展基于熵理论的武器装备建设发展模式与路径研究，对于正确认识不同武器装备建设领域现代化发展进程中存在的问题，准确把握不同武器装备建设领域现代化发展的有序程度，正确选择不同武器装备建设领域的发展模式、科学规划发展路径，具有十分重要的意义。

1.2 基本概念

1.2.1 武器装备建设

武器装备是指用于作战和保障作战及其他军事行动的武器、武器系统、电子信息系统和技术设备、器材等的统称。它们是建立强大国防的重要物质基础，亦是决定战争胜负的重要因素之一。

武器装备建设是围绕武器装备体系建立与完善而展开的各项活动，其直接目的是实现武器装备的从无到有，以及提高武器装备的发展水平和保障能力。广义的武器装备建设研究内容广泛，具体包括装备发展及其体系建设、科研与实验能力建设、生产能力建设、保障能力建设、指挥和管理手段建设、组织体系建设、法规制度建设、人才队伍建设、机关建设和理论建设等。武器装备建设贯穿于武器装备生命周期的全过程，本书研究的是武器装备科研、生产以及维修保障阶段的建设活动。

1.2.2 武器装备建设发展有序熵

长期以来，由于受计划经济体制的影响，我国武器装备的科研生产与维修保障都处于封闭孤立的系统中。根据熵增原理，任何孤立系统在长期的运行过程中都会出现有效能量逐渐减少、无效能量不断增加的情况，武器装备市场自然也不例外。封闭运行的环境，使武器装备市场内部形成的正熵不断增加，运行效率逐渐降低。只有打破原有封闭格局，不断与外部环境进行物质、能量和信息交流，引入新理念、新制度、新技术、新资源、新人才等，武器装备市场才能形成负熵，增加组织的有序程度，提高运行效率。

根据熵理论及对武器装备建设发展规律的研究，本书提出了武器装备建设发展有序熵的概念。武器装备建设发展有序熵（简称有序熵），是指在相对封闭的运行环境中，武器装备建设在组织、制度、政策、运行方式等方面所呈现出的有效能量逐步减少、无效能量逐步增多的不可逆的状态变化趋势，而通过武器装备科学化发展，与外界环境进行物质、能量、信息和人才交流，引入积极因素，从而促使武器装备建设向有序高效的方向发展，逐步达到一种相对稳定的状态。换言之有序熵是对武器装备建设发展有序程度的一种度量，即当系统内部各组成要素之间相互促进、相互协同，使武器装备建设呈现出一种高效的发展状态时，有序熵值小，有序程度高；当系统内部各组成要素之间相互抑制、相互制约时，使武器装备建设呈现出一种相对低效的发展状态时，有序熵值越大，有序程度就越低。

1.2.3 武器装备建设发展模式

根据《辞海》的解释，“发展”一是指事物由小到大、由简单到复杂、由低级到高级的变化；二是指扩大（组织、规模等）。结合武器装备建设发展模式的语境考查，“发展”的核心含义应该是：由初级阶段向高级阶段变化的过程。

《现代汉语词典》中，把“模式”解释为某种事物的标准形式或使人可以照着做的标准样式。例如，宋代张邦基的《墨庄漫录》卷八：“闻先生之艺久矣，原见笔法，以为模式”，这里的模式即指事物的标准样式。《辞海》则将模式解释为范型。在社会学中，模式有三种含义：一是理论图式和解释方案；二是思想体系和思维方式；三是解决某一类问题的方法论，这种观点认为模式是一种指导，一种好的模式有助于方案的制定和任务的完成。于洪敏在《试论装备保障能力生成模式转变》一文中，对模式的基本内涵，从三个方面进行了阐述：一是表示事物结构的范畴；二是标准样式，即可供模仿的范本或模本；三是事物因自身发展和外界环境变化所形成的基本结构相同，而具体式样不同的多种变式。

从对“发展”与“模式”两个概念的深入剖析，可以看出：发展模式是一个复合概念，是指事物在变化过程中所表现出的标准样式，即事物从初级阶段向高级阶段的变化过程中所具有的基本特征。

综上，武器装备建设发展模式的概念可以界定为：在武器装备建设发展过程中，由诸多相关要素相互作用构成有机体系以提高武器装备建设水平的过程、方式，是武器装备建设发展构成要素的结构方式及其在军地资源配置过程中表现出来的特征。

1.2.4 武器装备建设发展路径

“路”与“径”二字从字面理解，具有相近的含义。《新华词典》对“路”的解释有：①道路。②路程。③地区；方面。④路线，线路。⑤纹理；条理。⑥种类。《现代汉语词典》对“路”的解释有：①道，来往通行的地方。②思想或行动的方向、途径。③方面，地区。④种类。⑤大，正。⑥车。⑦姓。从上述释义可以看出，对“路”的相近解释有以下三点：①道或道路。②地区；方面。③思想或行动的路线、方向、途径。

《新华词典》对“径”的解释有：①小路。②喻指达到目的的途径、方法。③副词，直接地。④直径。⑤古又同“竟”。《现代汉语字典》将“径”解释为：①小路；亦指道路，方法。②直，直截了当。③数学上指连接圆心和圆周的直线。从上述释义可以看出，对“径”的相近解释有以下四点：①小路。②道路、方法、途径。③直接地。④直径。

“路”与“径”的本意相近，将二者结合起来组成“路径”，其基本含义有：①道路。②到达目的地的路线。③办事的门路、办法。④人的行径。⑤在计算机领域中表示指向文件或某些内容的文本标识。结合武器装备建设发展路径的语境，路径的核心含义应该是：为达到某种目标所采取的办法。

综合上述概念，武器装备建设发展路径是指在武器装备建设发展过程中，为实现武器装备现代化所采取的办法、措施，其本质是通过何种方式、采取何种手段实现军地资源的优化配置、提高武器装备建设水平。

1.3 国内外研究现状及启示

1.3.1 国外武器装备建设研究现状

1. 国外研究现状

冷战结束后，世界进入一个相对和平的发展时期，各国逐渐将发展重心转移到国民经济建设上来，把经济发展作为提升本国国际地位的重要战略手段。但随着霸权主义、恐怖主义和极端民族主义等问题与现象的频繁发生，世界各国从冷战后的乐观情绪中警醒过来，意识到强大的国防对于国家安全的重要性，开始大力发展装备建设。为了应对高科技武器装备的巨额采购经费，统筹经济建设和国防建设的协调发展，世界各国积极探索适合本国国情的装备发展模式与路径，形成了许多有益的研究成果，可以为我国武器装备建设发展提供借鉴和参考，具体如下所述：

1）武器装备建设政策引导方面

瑞斯卡，弗兰克，威廉斯等（Rusco，Frank，Williams，et al.，2011）指出联邦政府超过 1 亿美元且交由其他组织或机构代理完成的研究与发展（research and development，R&D）项目，必须列入小企业创新研究（small business innovation research，SBIR）项目之中。SBIR 有 4 个宗旨：满足联邦政府有关 R&D 计划的需求；刺激国内科技创新；促成科技创新成果的商业转化；鼓励不具优势或由女性领导的企业参与创新发展。美国前国防部副部长雅克·甘斯勒（Jacques S. Gansler）教授（2013 年）认为在世界局势复杂、国防预算缩减的情况下，为了更好地发展国防工业，政府应采取灵活的装备采办形式、降低军民一体化的门槛，同时他还指出对国防采办政策和采办程序的调整转变，可以改变以往单一用途技术、产品的开发模式，鼓励企业多进行军民两用技术开发。威廉（William Lucyshyn，2013）在《提高生产效率》报告中，指出在垄断的武器装备市场中，军方与承制商之间的利益博弈会对国防工业发展产生重要影响。全球经济一体化促使美国防务性公司逐步向跨国公司发展，政府在武器装备的研发和生产阶段应借机充分利用全球优势资源，提高生产效率。

2）武器装备建设市场运作方面

彼得·麦克唐纳（Peter MacDonald，2010）对武器装备、军事活动外包给私人企业的做法进行了研究。拉瓦力（Lavallee Tara M，2010）在《国家安全外包政策》一文中认为，9·11 事件后美国军民一体化发展应该打破最初的界限，采取外包国家安全政策，将融合范围扩展到美国军队的作战前线。戴维与达雷尔（Driver，Darrell，2010）指出未来欧洲安全防御政策（ESDP）应进一步扩大军事能力和民用能力的融合范围，构建军民一体化能力体系，以应对跨越国界的复杂挑战给欧洲安全环境带来的、超越传统军事威胁的影响。基斯·哈特利（Keith Hartley）在《军事外包经济学》《军事外包：英国经验》《国防经济：历史与发展趋势》和《英国采办政策的经济学》等著作中对英国在军事外包中积累的经验进行了总结与分析，并对军事外包的政策制定提出了相关建议。J·艾瑞克·弗瑞德兰德（J. Eric Fredland，2004）从交易成本的角度分析了企业当前及未来在军品生产中的地位作用。他认为交易成本理论表明不可避免的合同风险限制了企业之间的竞争。科洛内尔·提摩西 A·乌诺（Colonel Timoty A. Vuono，2008）指出相比传统的军民合作模式，建立在战略、战术、运营等层面的军民一体化模式能够运行得更好，并且他还研究了如何将民用管理方式运用到军队常规管理中，以提高军队常规管理效率。库克与格雷戈里 D（Kutz，Gregory D，2009）对军民两用技术的非法出口情况进行了研究，根据美国总审计局（General Accounting Office，GAO）的调查发现，通过伪造的公司和虚构的身份，恐怖分子和外国政府很容易从制造商或者经销商处购买到美国敏感的军民两用技术或是军事专用技术。从中可以看出，在军民一体化推进过程中，既要重视机遇也要正视风险，提高风险意识、增强风险控制能力、保障国家安全是各国需要重视的问题。

3）军民两用技术开发与应用方面

威廉姆 B·林斯科特（William B. Linscott）（2000）认为随着国防预算的减少、采办体制改革的推进以及世界范围内突发危机的增多，21 世纪美国想要保持经济和军事的领先地位，必须要有强大的工业基础，而这依赖于军用工业与民用工业的一体化融合。维多利亚 H·迭戈阿拉德（Victoria H. Diego-Allard）（2002 年）指出在武器装备老化的情况下，要延长武器系统的服役年限，军民一体化是解决该问题的有效方式。但重要领域内军用化与民用化可相互转化的程度低，使国防与工业基础一体化受限。Åse K. Jakobsson（2014）对澳大利亚联合创新中心利用技术观察和地平线扫描为国防部识别全球新兴技术进行了研究。英国国防部（2017）发布《2017 年科学技术战略》，旨在寻求最具前沿的新兴技术来维持国防工业领域的技术能力。弗兰克·T·约翰逊等，朱利奥·里贝托等（2018）对智能城市物联网在军事领域的应用前景进行了探讨。美国国会研究服务部（2018）发布《全球研发概况及对国防部的影响》报告，指出美国国防部应加强与工业界、学术界的合作，从而接触和获取各商业中心的创新性技术。

2. 国外研究现状评述

1）相关研究缺乏必要的理论支撑

从目前掌握的国外关于武器装备建设研究的资料可以看出：国外学者对

武器装备建设的相关研究大多是从实践的角度出发的，针对实践中发现的问题给出具体的措施建议。多数研究缺乏必要的理论支撑，采取由实践出发提出具体的解决方案进而指导实践的模式进行研究，没有上升到理论层面，相关对策建议也是针对特定的时代背景与政策环境给出的，不具有普遍适用意义。

2）研究内容侧重对政策机制的研究

国外关于武器装备建设发展的研究，主要集中于战略规划、政策制定以及工作机制等方面。同时，国外关于武器装备建设发展的相关研究多是建立在具体的工作实践基础上，通过统计数据对实践问题进行定量描述，给出对战略规划、政策制定以及工作机制调整具有指导意义的措施建议。

3）研究方法注重定性与定量相结合

国外关于武器装备建设发展的研究，十分重视定性与定量相结合，通常是在经过大量调查研究获取统计数据的基础上进行的，使相关研究能够紧贴武器装备建设发展的现实需求，因而对于具体问题的解决具有很强的指导意义。

1.3.2 国内武器装备建设研究现状

1. 国内研究现状

1）熵理论应用的研究现状

熵是物理学中的概念，最早是在1850年由德国物理学家克劳修斯提出的。1948年，数学家香农将熵理论引入到信息论中，用来描述信源的不确定性。此后，熵理论在工程技术、管理科学乃至社会经济等领域得到广泛应用，然而将熵理论应用于武器装备建设的研究几乎为空白。从收集整理的文献来看，熵理论在组织结构优化、管理决策、有序度评价等方面的应用较多，具体如下所述：

（1）组织结构优化方面的应用。张敏（2009）从熵的角度分析了武器装备采购改革对其组织结构产生的优化效果。庄钟锐（2009）运用熵理论对作战指挥系统的组织结构进行了研究，分析了作战指挥系统组织结构熵的影响因素，并从环境熵、体系熵、运行熵以及人为熵4个方面构建了藤网结构图。冀鹏伟（2012）使用变化熵对组织结构的柔性度进行了定量研究。苏宪程（2014）运用熵理论从静态有序度和动态柔性度两方面，对武器装备管理的职能式、项目式、矩阵式3种组织结构形式进行了对比分析研究。

（2）管理决策方面的应用。张桂峰（2004）将熵理论运用到公路工程建设项目中，用于对项目选择、投标策略、评标工作、人员配置、日常管理等内容进行决策分析。张明宏（2004）将熵理论与光学中的“测不准原理”相结合，提出了建筑工程项目管理中的“不确定原则”，用以研究建筑工程项目管理各环节的熵变情况，并根据熵理论构建模型对建筑项目投资风险进行评价。张群（2007）对熵思想在管理决策中的应用进行了分析，在熵权法与双基点法的基础上提出了熵权双基点法，帮助管理者进行项目规划与控制，同时还提出了三维熵式度量法，为管理者进行投资决策提供依据。

（3）有序度评价方面的应用。李电生（2008）运用结构熵对供应链系统结构的合理性与有序性进行了定量分析。邹志勇（2008）界定了企业熵的概念，用以描述企业组织行为的有序程度，从企业内部环境和外部环境两个维度构建了企业熵流模型，用以分析企业熵的作用机理，并给出了企业熵的计算公式，构建了企业熵评价指标体系。郑婷婷（2010）认为煤炭产业具有耗散结构的特征，因而从熵理论视角对其可持续发展进行了研究，构建了熵变模型，通过实证分析得出只有在外部负熵的绝对值大于内部正熵的情况下，煤炭产业才能实现可持续发展。王中一（2012）把企业在处于封闭状态时，有效能量减少，无效能量增加的趋势定义为成长熵，并构建了成长熵的数学模型及评价指标体系，对中小企业的成长性进行科学评价。

2）武器装备建设的研究现状

十九大报告指出要“适应世界新军事革命发展趋势和国家安全需求”，“全面推进军事理论现代化、军队组织形态现代化、军事人员现代化、武器装备现代化，力争到2035年基本实现国防和军队现代化”。武器装备建设作为军队建设的重要工作，作为实现强军目标的重要内容，一直以来都是学者研究的重点、热点，这对于推动我国武器装备建设快速发展起到了极大的推动作用。

（1）武器装备建设发展战略研究方面。薛海玲（2011）提出我国武器装备建设战略的制定要以军事需求为牵引，围绕建设“撒手锏”装备展开。沈雪石（2015）分析了颠覆性技术对武器装备发展的影响，认为颠覆性技术是催生新型武器装备和军事大国博弈的关键。赵辉（2016）对新形势下武器装备发展方略进行了研究，认为武器装备发展要以信息技术为主导，以体系建设、质量至上为理念，要坚持自主创新，坚持“建为战”思想以及可持续发展思想。姚宏林（2017）指出科学技术创新进步与发展是武器装备建设战略方向选择与战略规划制定的重要依据。刘海林（2017）对武器装备领域改革强军战略进行了研究，提出装备强军战略要根据时代背景和客观实际，区分装备强军战略实施主体，制定总体及阶段性目标，明确战略任务和工作重点。赵辉（2018）认为国防和军队现代化的根本是国防科技现代化，武器装备发展应以科技强军兴军战略规划为方略。

（2）武器装备建设改革发展研究方面。李雄（2007）提出武器装备建设观念应由“历时性”思路向“共时性”思路转变，由需求牵引模式向需求与能力复合牵引模式转变，由理论实战途径向以作战实验室为中心的途径转变，由单要素革新机制向全要素体系创新机制转变。杨松青（2014）提出在武器装备建设过程中，要克服主观主义、官僚主义、形式主义、本位主义等思想，从而科学谋划发展战略，打造最优运行机制，提高装备质量可靠性，增强装备保障能力。徐鹏飞（2015）指出武器装备管理体制制度变迁要打破路径依赖、突破传统思想的束缚、打破部门利益、加强学习研究，从而创新武器装备管理制度变迁路径模式。肖力（2015）对我国武器装备发展体制进行了梳理，提出武器装备建设要以党中央装备建设思想为指导，以深化改革为动力，以集中统一领导为保证，尊重客观规律，走中国特色装备建设发展道路。周碧松（2017）对我国武器装备的发展历程和管理体制变革过程进行了梳理与总结。韩庆贵（2017）提出装备建设管理体制改革要与国家生产力发展水平、国家和军队领导体制、国家的经济和科技体制、国家安全形势和军事需求相适应，要服务和服从于国家总体战略，要坚持集中统一领导，要处理好借鉴外国经验和保持自身特色的关系。谭云刚（2019）提出武器装备建设改革发展应坚持5个转变，即计划向市场转变、封闭向竞争转变、分割向融合转变、守旧向创新转变、靶场向战场转变。

（3）武器装备建设“民参军”研究方面。蒋玉娇（2016）对民营企业在军品市场中的利益进行了定性与定量的分析，揭示了政府通过合理地设置门槛可以保证军品市场最优的经济规模，提高民营企业获得军品订单的概率可以减少寻租情况的发生，以及以军方需求偏好为导向可以增加订单量等客观规律。谭云刚（2018）提出要从认清“民参军”意义、转变思想观念、创新体制机制、调整法规标准、突出推进科技教育领域“民参军”、调整改革“民参军”的政策建议以及加强党和政府对“民参军”工作的领导与管理等7个方面，推进武器装备科研生产领域“民参军”的进程。李晓松（2019）运用IDEF方法，从技术、成本、政策、基础条件、准入条件、机会和决策7个环节，对民口企事业单位参与武器装备建设的决策流程进行了分析，为鼓励民口企事业单位参与武器装备建设提供了决策依据。许宏亮（2019）提出应从搭建信息沟通平台、完善市场化机制、合理利益分配3个方面入手构建我国军民一体国防科技自主创新体系。

2. 国内研究现状的评述

1）研究内容广泛

综观我国有关武器装备建设发展的文献，在研究内容上除了涉及发展战略规划、政策法规制定、体制机制构建等方面的研究外，还有不少学者从协同创新、能力生成、信息平台、中介机构等方面对武器装备建设发展进行研究。这些研究成果不仅拓宽了武器装备建设发展的研究范围，同时也为本书研究武器装备建设发展模式与路径起到了参考与借鉴的作用。

2）研究成果系统性不强

从已经掌握的文献资料来看，目前国内关于武器装备建设发展模式与路径整体性、系统性的研究不多，大多是针对武器装备建设某一具体领域在现代化建设进程中发展模式或路径的初步探索研究，可以为本书的研究提供一定的借鉴作用，但对于武器装备建设发展的本质属性和特点而言，并不具有直接的启示作用。

3）定量研究较少

国内关于武器装备建设发展的研究，多是针对具体问题从定性的角度展开的。运用定量的方法对武器装备不同行业领域的整体发展状态进行评估，根据不同行业领域的具体发展情况合理选择发展模式、规划发展路径的研究相对较少。

4）理论研究未成体系

从目前收集的文献资料来看，我国有关武器装备建设的理论，尚未形成系统的理论研究框架，主要体现在相关理论研究和实践探索比较零散、局部，没有形成系统性的研究成果和理论体系。武器装备建设发展具有自身的特点与规律，而目前针对规律把握、制约因素、主体关系的研究缺乏系统性、针对性，致使相关研究深度不够。

5）侧重于宏观研究

国内学者有关武器装备建设政策和机制的研究多集中于宏观指导层面，这对于准确把握武器装备建设政策和机制的发展方向，促进相关政策和机制的基础框架的构建具有重要的意义。但是由于微观层面的相关研究缺失，导致武器装备建设相关政策的具体操作性不强，对实践的指导意义偏弱。

1.3.3 对本书研究的启示

综观研究现状分析可知，国内外学者对于武器装备建设进行了积极探索与研究，并形成了许多有益的研究成果。在宏观上，讨论了武器装备建设发展的战略规划、法律法规建设、体制机制建设、资源配置、结构调整等问题；在微观上，讨论了武器装备建设发展的影响因素、产业范围、标准建设、主体关系、军民两用技术发展、信息平台建设等重点问题。尽管相关研究的出发点和角度不同，但对于加深对武器装备建设发展复杂性的认识发挥了重要作用，同时也为后续研究奠定了基础。

熵理论在管理科学、社会经济学中被广泛应用，但遍历国内外研究成果，基于熵理论视角对武器装备建设发展的研究并不多见。已有研究多是从单一视角出发对武器装备建设发展进行研究的，研究成果缺乏系统性。本书立足武器装备建设发展的现状，从熵理论的视角对其进行较为系统地研究，遴选了武器装备建设发展有序熵、制度变迁、模式分析、模式选择以及发展路径等几个关键问题进行研究。

1.4 世界发达国家武器装备建设发展的主要做法及启示

“武器是战争的重要因素”。武器装备建设是事关国家安全的大事，武器装备现代化水平是体现国家综合实力的重要标志。世界发达国家在武器装备建设方面，经过长期的实践与探索，形成了很多有益的成果和经验。我国武器装备建设发展起步晚，充分借鉴国外的先进理论和成熟经验，能够使我们少走弯路，加速实现武器装备现代化建设。

1.4.1 世界发达国家武器装备建设发展的主要做法

武器装备建设是国防建设的重要内容，是国家维护自身安全能力的直接物化表现，也是提高国际地位、争取更多话语权的重要手段。世界各国都十分重视武器装备建设，并积累许多有益的经验，可以为我国武器装备建设发展提供借鉴。

1. 美国

美国在武器装备建设中实行统一决策、分别执行的管理方式。美国武器装备建设的决策机构是国防部，其主要职能是依据国家发展战略、军事战略、安全形势，制定武器装备发展规划计划、政策法规、管理体制，对武器装备建设的重要阶段进行审定，对武器装备发展全过程进行监督，为武器装备科研生产提供方向性指导。在国防部的集中统一领导下，各军种根据自身武器装备建设的实际情况提出需求，由军种武器系统司令部与相关企业进行沟通与联系，具体安排武器装备研究、发展、采购等工作。

在规划计划方面，美军建立了“规划计划预算与执行系统”，所有武器装备建设任务都要录入系统，战略规划由国防部政策副部长牵头制定，发展计划由成本评估与计划鉴定局局长牵头制定，项目预算由国防部主计长牵头制定。在军事需求管理方面，美国国防部为加强对军队联合能力发展的决策领导作用，实行由国防部主导、各军种参与的军事需求管理制度。在“基于能力”的思想指导下，提出了包含 8 种能力概念、可细化为 21 种联合能力领域的能力体系框架，并建立了联合能力集成与开发系统，加强参联会对军种需求生成的监督管理。在重大项目研制方面，美军通常组建重点型号办公室，集中办公对重大武器装备项目实行全过程跟踪与管理。在武器装备采办管理方面，美军积极推行武器装备的电子化管理，提高武器装备管理效能；同时强调经济可承受能力，采用渐进式采办方式，通过运用成熟技术，降低项目风险，缩短研制周期，加强全寿命经费管理和成本控制，从而达到节省装备采办成本的目的。

在装备发展途径上，美军注重对民间资源和军民一体化工业基础的利用率，充分采用民间高、精、尖端技术发展武器装备。美国国会、总统国家科学技术委员会以及总统科技政策局是美国军民一体化的最高决策机构，负责颁布法律法规、制定发展政策等事项，以提供良好的政策环境，保障军民一体化顺利实施。国防部负责科学和技术的副部长帮办，以及国防高级研究计划局和负责先进系统与概念的副部长帮办等部门，对制定军民一体化科技计划专职负责，加强军政部门间的沟通协调。为了促进军民一体化高效协同运行，美国政府先后成立了“技术转移办公室”和“国防技术转轨委员会”，前者负责与能源部、商务部等部门协调推动军民两用技术转移工作，后者则负责军民一体化改革工作。

美国武器装备的机械化、信息化程度都很高，在全球监视、联合指挥控制、全维维护以及迅速保障等方面的能力也在逐渐加强，在很长一段时间都将对世界武器装备发展起到引领作用。

2. 英国

由于与美国的战略同盟关系，英国在武器装备发展上，十分重视与美军装备的互补和联通对接，以便在联合作战中更好地合作。英国武器装备建设实行集中统管、统一实施的发展方式，国防部是最高领导机关，下设职能部门，负责需求提出、政策制定、规划计划、预算管理等职能。为了改变武器装备建设分部门分阶段管理的局面，2007 年英国国防部成立了国防装备与保障总署，对武器装备的研制、采购与保障实行集中统管，并负责组织武器装备建设规划计划的具体执行。英国的武器装备采办过程分为概念研究、方案评估、演示验证、生产、使用、退役处置 6 个阶段，重大项目转阶段决策由投资审批委员会负责评审，具体项目则由国防部、军种、科技或工业部门共同负责全寿命过程。

在军事需求生成方面，由国防部中央参谋部装备能力局统一负责，制定战术技术指标文件，为武器装备研制生产提供技术标准。装备型号需求由国防装备与保障总署具体负责，军种在军事需求生成方面参与程度较低。在武器装备建设经费管理上，英国设置了两级监督机构。其中，国家层面包括国防委员会、公共审计委员会、财政部国防政策与装备小组，负责对发展计划和资源使用分配进行监督。军队层面设置了管理预算局，与财政部国防政策与装备小组协作负责制定规划和预算，监督计划和预算的执行，审议重要武器项目的经费开支，向议会提交会计、审计报告。在装备发展途径上，英国不局限于本国国防工业与国内民用工业的相互融合，而是希望利用全球的技术优势促进本国国防工业发展。通过颁布《国防科技和创新战略》和国家“一个工业基础”的发展规划，英国政府明确要求国防部要积极利用经济全球化的有利条件，吸引全球范围内的先进技术资源参与武器装备建设。

为应对信息化战争的需求，英国在武器装备建设中着重强调信息化、智能化和技术化发展。在提高武器装备信息化水平的同时，英国也保持了相当的核威慑力量，增强单兵作战的武器配置，以巩固和加强综合作战能力。

3. 日本

为避开国际社会对日本军事发展的监督与控制，发展壮大国防力量，日本政府在武器装备建设方面采取了“以民掩军”的做法，充分利用民间力量来发展国防科技和武器装备。日本通过集中管理模式加强对武器装备建设的管理，由内阁总理大臣负责审批武器装备建设的重大项目及规划计划，由国会对装备建设发展战略进行最终的审核与决策，由防卫厅负责具体规划计划的监督执行。

日本政府为了减少投资风险、降低生产成本，在武器装备建设中十分重视开发军民两用技术，制定了相关战略规划，通过出台政策法规、加大资金支持等方式，激发民间企业开发军民两用产品、技术、产业的积极性。日本没有传统意义上的军工企业，其武器装备科研生产任务都是由民间企业承担完成的。日本政府把军品产值占企业总产值10%以上的企业列为重点军工企业，并十分重视对这些重点企业的扶植与支持，在经费、管理、政策等方面都制定了相关优惠政策，并由政府金融机构给予低息贷款。在武器装备的具体建设过程中，日本十分重视政府、军方和民间企业的沟通协调，通过成立民间团体的方式，使民间企业能够参与武器装备建设事项的协商讨论，同时把收集到的决策咨询建议，以建议书的形式提交内阁进行协调，并最终由国防会议进行审议和决策。

日本为应对未来多元化威胁，不断提高武器装备的远程化和信息化水平，加强投送型武器装备和以 C^4ISR 系统为代表的信息化武器装备的建设。同时，日本还注重提高武器装备指挥控制系统的情报集成、传递、共享能力，以及防御黑客攻击的能力，建立了与国内外先进信息技术相适应的先进的指挥通信系统和情报通信网络。

4. 俄罗斯

俄罗斯在武器装备建设中采取的是集中领导、集中实施的方式。国防部是武器装备建设的直接领导机关，负责制定武器装备发展的规划计划、政策法规，统筹安排科研、生产、资源调配等各项工作。为缩小和弥补部分军事技术与世界先进技术之间的差距，俄罗斯改变“完全自主、只卖不买”的传统，实行自主研发与适当引进相结合的新发展思路。

在装备采办管理体制改革方面，为了改变武器装备建设分头管理、部门协调难度大、管理效率低等现象，实现对武器装备采办的集中统管，以及加强武器装备的全寿命管理，俄罗斯将由政府负责的“联邦武器、军事、特种技术装备及物资供应署”交由国防部直接管辖。俄罗斯建立了独立的国防采购系统，由国防部第一副部长负责，统一安排武器装备和后勤技术装备的采购工作。通过改革组织机构、引进先进生产与管理方式，将科研部门、生产制造部门与金融机构等联合起来，俄罗斯成立了集科研、生产、融资等多种职能于一体的军民联合集团。新面貌军事改革后，俄罗斯又将原武器装备总局负责装备保障的职能合并到武装力量后勤，设立主管物资与技术保障的国防部副部长职位，负责全军后勤物资和武器装备保障工作。

在军事需求管理方面，针对作战对象发展对抗性武器是俄罗斯军事需求生成的一大特点。俄罗斯实行由各军兵种分散提出并论证的需求生成制度；对各军兵种提出的军事需求需先提交国防部，由其进行统一协调、平衡排序，最后提交国家安全会议、总统等最高机构批准。在规划计划与资源分配方面，俄罗斯十分重视装备采购全寿命阶段规划计划的统一性，通过专项规划计划对陆、海、空、天、电等领域的技术要求进行统一阐述。同时，实行高度集中的规划计划管理方式，通过采用目标纲要规划法使发展规划与资源需求协调一致。

作为军事大国，俄罗斯十分注重追求武器装备的高技术性能，把提高武器装备的信息能力、战场感知能力、远程精确打击能力和一体化作战能力作为武器装备建设的重要内容。俄罗斯还摒弃了武器装备建设全面发展的思路，提出“非对称”策略，将提高突破美反导系统能力和增强应对太空威胁能力作为突破口，力求在这些关键领域与对手形成非对称优势。同时，还积极发展电磁武器、激光武器、光子武器等新概念武器。

5. 以色列

恶劣的地理环境与复杂的周边环境，使以色列十分重视发展国防科技工业。为了避免国际政治因素及禁运风险对建立强大国防的影响，以色列政府始终坚持独立自主的武器装备发展原则，十分重视武器装备科研生产体系的构建与完善，以保持和提高开发先进武器装备的能力。

以色列武器装备管理体制完善，机构分工明确，机制运行顺畅，具体的管理机构包括总参谋部和国防部。总参谋部根据作战需要向国防部提出装备建设需求，国防部根据部队需求统筹规划武器装备的研制、采购和服务等工作。以色列的武器装备建设工作是由国防部统一领导，研究与发展局、采购与生产管理局、对外军援与出口管理局、财经局、项目管理局共同参与完成的。其中，研究与发展局负责推动先进科学技术研究的基础设施建设、武器装备预先开发与研究以及推动军内研究机构与外部进行合作等工作；采购与生产管理局负责武器装备采购与军事工业基础设施建设等工作；对外军援与出口管理局负责管理武器装备的出口工作，并对装备出口的执行情况进行监督；财经局负责武器装备建设资金以及其他国防费用的供应，并监督预算的执行情况；项目管理局负责武器装备项目的全寿命管理。

以色列十分重视研发高技术武器装备，在国防科研上投入了大量的经费。

1980年，以色列的国防科研费用最高曾占国防经费的65%，近几年这一比例有所下降，保持在25%左右，但仍远超过世界主要军事国家的水平。在武器装备科研方面，以色列政府通过“知识经济”与知识分子优惠政策，吸引世界各地的各种先进人才进入国防科研、生产机构工作。以色列政府认为加强国际合作是获取先进技术的重要渠道，因此十分鼓励本国军工企业与美国、法国、德国等西方国家开展合作，共同研发具有世界领先水平的武器装备。通过国际合作，使以色列军工企业掌握了大量的先进技术，对于提高本国高技术武器装备的研发水平发挥了重要作用。

1.4.2 世界发达国家武器装备建设发展的经验启示

1. 坚持国家主导，统筹武器装备建设发展

武器装备是实现暴力的基本手段，武器装备发展是关系国家安全和国防建设的重大问题，需要受到国家的严格管理与控制。因此，不论武器装备采取何种发展方式，都必须坚持国家的集中统一领导。以美国、英国为代表的西方国家在推动武器装备建设发展时，都成立了顶层管理机构，对武器装备建设进行统筹规划。另一方面，作为权力机关，西方国家政府在推动武器装备建设发展时都制定了相应的政策法规，对武器装备建设的具体事项进行规范，并通过政策引导，促使技术先进的民间企业参与武器装备建设。

2. 加强军民共享的高技术资源开发建设

开发高新技术是提高武器装备先进性的重要保障，而实现高新技术资源的军民共享是保证武器装备建设可持续发展的重要基础。世界发达国家在推动装备建设发展时，十分注重引入与军工优势具有同根同源特性的系统和产品，以降低研发成本、缩短研制周期、提高成果转化率，使军品生产与民品生产能够相互支撑、借力发展。

3. 以市场化手段促进武器装备建设发展

市场化是武器装备建设军民产业融合的有效形式。西方国家的军工企业通常以私有制为主体，在进行产品研发时十分重视其所带来的经济效益，而不过多关注产品的军民属性，通常采用相同的体制机制模式进行军、民品开发。例如，美国的国防科技工业以私营企业为主体，在产品和技术研发上积极推行市场化运作，以提高企业经济效益；俄罗斯在苏联解体后，对国防科技工业管理体制进行改革，使国防科技工业发展由计划经济向市场经济转变。

4. 积极扶持高技术私营企业参与武器装备建设

高技术私营企业是先进技术的引领者，鼓励其参与武器装备科研生产是武器装备建设发展的重要内容与方式。近年来，为了巩固和壮大国防科技工业基础，世界发达国家鼓励中小企业参与武器装备建设，并加大对其的支持力度。例如，美国国防部注重稳定并提高与中小企业签订的订单总额；日本为了鼓励中小企业的创新行为，制定了专门的《协调法》，通过政府补助、优惠政策等对中小企业进行扶持，并实行分散订货，为具有独特技术的中小企业获得军品订单提供更多机会。

5. 立足国情军情选择武器装备建设模式

由于不同的国家所处的战略环境不同，政治制度、经济体制等也不同，因此在选择武器装备建设发展战略模式时一定要综合各方面因素进行考虑。世界发达国家根据自身的国情与军情，建立各具特色的武器装备建设发展模式。美国国防科技工业体系以国防部为主导，以私营企业为主体，建立了武器装备建设发展模式；长期的战争状态使优先发展国防科技工业成为以色列的利国之本，由此形成了“以军带民”的武器装备建设发展模式。我国在市场开放性、法制规范性、经营自主性等方面与西方国家具有相同之处，但我国的政治体制与西方国家有本质区别，所奉行的军事战略方针也不相同，诸多区别都要求我们在借鉴国外先进经验的同时，要积极探索适合我国国情的武器装备建设发展之路。

1.5 研究内容

本书以武器装备建设发展实践为基本出发点和落脚点，针对当前武器装备建设发展研究中存在的“战略规划性问题研究多，基础实践性问题研究少，查摆分析问题多，解决问题不系统不全面”的实际情况，运用发展历程纵向比较与发展经验横向比较相结合、定性分析与定量评价相结合、规范性理论分析与具体性实例分析相结合的方法，立足国家和军队有关武器装备建设战略决策的现实需求，在借鉴国外武器装备建设发展的先进经验和成功做法的基础上，从熵理论的视角出发，科学分析武器装备建设的发展模式，合理规划实现路径。本书共分 6 个部分，具体内容如下。

第 1 章，武器装备建设发展模式与路径概述。阐述开展武器装备建设发展模式与路径研究的背景及意义；界定相关概念，明确研究对象；对国内外研究现状进行述评，得出本书研究的启示；系统阐述世界发达国家武器装备建设发展的有益做法与成功经验，从中理出有益的经验启示；介绍本书的研究思路和主要研究内容。

第 2 章，武器装备建设发展研究的熵理论。从熵的起源、热力学熵、玻尔兹曼熵、信息熵、熵定律、熵的扩展应用等方面，分析熵的应用；介绍常用的熵思想；分析耗散结构理论；在此基础上，从熵特征、熵思想和自适应性等方面，分析武器装备建设发展的熵理论。

第 3 章，武器装备建设发展的关键因素分析。梳理我国武器装备建设发展的历史沿革、现状及趋势，分析实践过程中存在的问题及原因；总结我国武器装备建设发展的基本原则与规律；梳理影响武器装备建设发展的内外部因素，利用因子分析法对影响因素之间的相关性进行研究分析，提取出关键因素，分析关键因素命名的内涵。

第 4 章，武器装备建设发展有序熵模型及评价指标体系构建。分析武器装备建设发展的熵增过程和熵减原理，构建武器装备建设发展有序熵的概念模型、数学模型及评价指标体系，并进行实例验证。

第 5 章，基于有序熵的武器装备建设发展模式。阐述武器装备建设发展模式建立的依据，建立国家主导型与市场运作型两种发展模式。以有序熵为变量，构建武器装备建设发展的隶属函数选择模型，并通过实例对发展模式选择进行分析。

第 6 章，基于有序熵的武器装备建设发展路径优化。明确建模的目的与思路，构建武器装备建设系统动力学模型。通过模型的动态仿真，验证所建立发展模式的可行性，通过参数调整，得出加强不同关键因素建设对降低武器装备建设发展有序熵的影响程度。根据仿真结果，科学优化武器装备建设发展路径。

第2章 武器装备建设发展的熵理论

武器装备建设发展是一个复杂的巨系统，运用复杂系统理论能够更加准确地认识武器装备建设发展结构和运行机制。熵理论是复杂系统理论的一个重要方法，将熵理论运用到武器装备建设发展研究中，可以更深、更全面地理解和分析武器装备建设发展。

2.1 熵的应用

在希腊语中，熵（entropy）的本义是变化的容量。1850 年，德国科学家克劳修斯（Clausius）首次提出热力学熵（thermodynamic entropy）概念。经过 100 多年的发展历史，熵理论从物理学延伸到社会学、艺术学、经济学、管理学等多个领域，出现了多个学派，主要代表人物有克劳修斯、玻耳兹曼（Boltzmann）、普利高津（Prigogine）和香农（Shannon）。

1865 年，克劳修斯发表题为《论热的动力理论的主要方程的各种应用形式》文章，对热力学熵的概念进行了定义：对于可逆循环，如果物体从任意初态开始，经过一系列连续的状态变化又回到初态，状态积分 $\int \frac{dQ}{T}$ 总是等于零，那么积分表达式$\frac{dQ}{T}$必定是一个全量微分，只与物体当时所处的状态有关，而与物体到达这个状态所经的路径无关。用 S 表示这个量，得到

$$dS = -\frac{dQ}{T} \tag{2-1}$$

式中：S 为熵；Q 为热量；T 为温度。

则物体由初始状态变化到新的状态，状态变化量可表达如下：

$$S_2 - S_1 = \int_1^2 \frac{dQ}{T} \tag{2-2}$$

克劳修斯认为熵和能量这两个概念从不同侧面对物理运动能力进行了描述。能量从正面量度物体运动的转化能力，能量越大，则转化能力越大。熵则恰恰相反，表示运动转化的完成程度，即从不能转化的方面量度其运动转化能力，也就是运动丧失转化能力的程度。

具体来说，熵是描述系统状态的物理量，并具有以下特征：

（1）熵是一个状态函数，其值变化与热力学路径无关，只取决于初态和终态。

（2）只有在理想的可逆过程中，孤立系统才存在等熵过程，即 $dQ=0 \Rightarrow dS=0$。

（3）熵值可以是任意常数，在实际问题中，通常选定一个参考态，将其熵值规定为零，进而定义其他态的熵值。

(4) 熵具有可加性。熵作为广延量，系统熵是各子系统熵的总和，即 $S=\sum S_i$。

正是由于具有上述特征，熵概念虽然是在平衡态下被定义的，但通过局域平衡假设，仍可将其推广应用到非平衡定态。熵理论一直处于不断完善、不断发展的过程之中，其意义越来越丰富，定义也越来越多样。一般来讲，主要有热力学熵、玻尔兹曼熵和信息熵 3 种定义。

2.1.1 热力学熵

克劳修斯在卡诺对热机研究的基础上，通过严密的数学推导和实验验证，提出了熵函数 S 的概念，并以此将热力学第二定律公式化：

$$dS \geqslant \frac{dQ}{T} \tag{2-3}$$

或者

$$dS - \frac{dQ}{T} \geqslant 0 \tag{2-4}$$

其中，“=”对应可逆过程，“>”对应不可逆过程。公式表示一个热力学系统偏离平衡过程的程度（即不可逆程度），可以用理想的可逆过程（平衡过程）的热温比$\left(\frac{\mathrm{d}Q_R}{T}\right)$与实际过程热温比$\left(\frac{\mathrm{d}Q}{T}\right)$之差衡量。差值越大，表示偏离平衡过程越远，差值为零则为平衡过程。

对于孤立系统，系统与外界没有能量交换，即 $\mathrm{d}Q=0$，那么 $\mathrm{d}S\geqslant 0$，这就是著名的熵增原理。式（2-4）即为热力学熵（也称克劳修斯熵）。

2.1.2 玻尔兹曼熵

热力学熵研究之后，熵理论在物理学中比较有影响力的发展是统计机械学（statistical mechanics），其中玻尔兹曼方程达到了顶峰。1877 年，玻尔兹曼用熵对气体分子热运动的无序性进行度量，引入公式 $S\propto\ln\Omega$，表示系统的无序性，其中 S 表示系统熵值，Ω 表示可能的微观态数。玻尔兹曼认为，当系统处于平衡时，微观态数 Ω 的个数越多，熵值 S 越大，系统越混乱。1900 年，普朗克·吉布斯引进了比例系数 k，对上述公式进行了进一步完善，得到系统熵值的计算公式 $S=k\ln\Omega$，其中，k 为玻尔兹曼常数，$k=1.38\times10^{-23}\mathrm{J/K}$。

2.1.3 信息熵

1948 年，美国贝尔电话研究所的数学家香农（Shannon）将熵理论引入到信息论中，提出信息熵的概念，用以定义排除冗余后的评价信息，解决了信息量化问题，并给出了信息熵的计算公式：

$$H=-\sum p_i\log p_i \tag{2-5}$$

式中：H 为信息熵值；p_i 为某种信息源出现的概率；对数 log 一般取 2 为底数，单位为比特，也可取其他数值，使用其他相应单位。

信息熵概念的提出使熵理论由物理学走向信息学，超越了热力学范畴，开辟了熵理论在物理学以外领域应用的先例。当前以信息技术为主导的第三次工业革命在某种程度上可以说成是熵的革命。但事实上，式（2-5）并非是直接量度信息，而是间接的或者逆向进行的。

2.1.4 管理熵

任佩瑜教授（1998）首先将熵的思想引入管理科学中，提出管理熵概念。管理熵是任何一种管理的组织、制度、政策、方法等，在相对封闭的组织运动过程中，总呈现出有效能量逐渐减少，而无效能量不断增加的一个不可逆的过程，体现为正熵的不断增加，即组织结构中的管理效率递减规律。宋华岭等（1999）认为管理熵是对管理信息在传递过程中的传递效率与阻力损失的度量，即对管理系统输入的物质、能量与信息转化成管理效率的度量。管理熵反映了管理计划目标与实际效果之间的差别，是从反面对管理效率进行度量。管理熵是广延量，系统总熵是管理系统各部分熵之和，由自然熵、环境熵、结构熵、运行熵、人为熵和经济熵等结构熵组成，如图2-1所示。

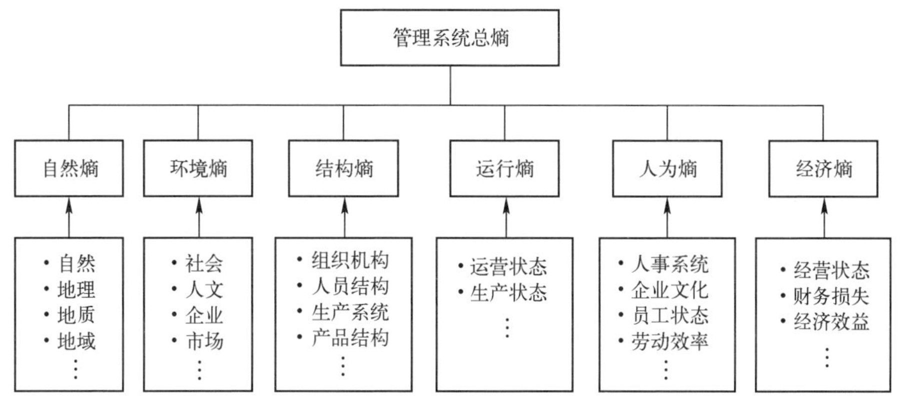

图2-1 管理系统总熵

管理熵的数学模型表达如下：

$$S = \sum_{i=1}^{n} k_i S_i \tag{2-6}$$

式中：S 为管理熵；n 为影响管理熵变化的因素个数；i 为影响管理熵变化的各种因素的序数；k_i 为系统在特定阶段第 i 种影响因素的权重；S_i 为第 i 种影响因素所产生的熵值。

第 i 种影响因素所产生的熵值 S_i 可以表示为

$$S_i = -k_b \sum_{j=1}^{m_i} p_j \ln p_j \tag{2-7}$$

式中：k_b 为管理熵系数；m_i 为影响 S_i 变化的因素的个数；p_j 为第 j 个因素影响 S_i 变化的概率，$p_j>0$ 且 $\sum_{j=1}^{m_i} p_j = 1$。

关于管理熵理论的适用范围，狭义管理熵理论主要应用于企业管理系统，而广义上，管理熵理论则适用于整个社会体系、自然体系和自然社会体系，并且对可持续发展理论有所发展。近年来，越来越多的学者开始将管理熵理论运用到管理学理论研究中。胡明明等（2018）基于管理熵理论，分析了景区游客时空分布系统管理熵随时间的演化特征，构建景区游客时空分布动态优化模型，并采用Simulink仿真对景区游客时空分布系统进行案例分析，验证模型的有效性。邱孝一等（2018）将管理熵理论应用于测度组织健康水平，构建了健康型组织评价体系，测量了健康型组织各指标层级管理正熵和负熵。何星舟等（2017）则将目光投向高校创业型学生组织可持续发展研究中，运用管理熵构建可持续发展能力测度的指标评价体系，基于Brusselator模型进行实证机理，得出影响创业型学生组织的可持续发展的根本原因。曾月征等（2016）借用管理熵理论，从区域创新的系统角度出发，构建了区域创新能力的评价指标体系，运用熵值法得到了各评价指标的熵值计算公式。衣长军等（2013）从熵理论视角，通过各熵流值之间的关系判定企业所处的生命周期，为企业实现有效的动态管理提供参考和借鉴。卿放等（2015）在管理熵理论的指导下，提出基于管理熵的医院绩效评价模型，为医院优化绩效管理提供参考。

总而言之，管理熵理论已经在管理领域积累了丰富的研究成果，也为探索开展武器装备建设发展的熵理论研究指明了方向，提供了思路。

2.1.5 熵定律

爱因斯坦称熵定律为“自然界一切定律中的最高定律”。在热力学第一定律（能量守恒定律）的前提下，虽然自然界物质不灭，能量守恒，但其能量的转化是沿着耗散方向转化进行的，即在任何系统中，能量在转化过程中，总有一定量的有用能转变成无用能。自然界中这部分无效能量的总和就称为熵。这种有用能减少、无用能增加的过程就是系统的熵变过程。有用能转变为无用能越多，熵值也就越大，系统也就越混乱，越不利于系统的进化和发展。系统能量总和是常数，随着发展系统总熵不断增加，就是熵定律，也称作热力学第二定律。

当系统的熵值达到最大值时，整个系统就进入了“热寂”状态，导致系统崩溃。摆脱这一结果的唯一办法就是从环境中不断地汲取负熵，以抵消熵的增加，从而使系统维持在一个稳定的低熵水平。负熵不是简单取负号的熵，而是对系统有序性的度量，负熵的增加意味着事物朝着有序方向发展，是进化的标志。只有当系统吸取了某些物质、信息、能量产生进化时，才能产生负熵。例如，动物的粪便对动物自身而言是正熵，但土壤在粪便的作用下，提高了肥力，增加了植物生长所需的营养，对植物来就它就变成了负熵。

2.1.6 熵的扩展应用

根据熵理论及其在不同学科领域的应用，可以从不同角度阐释和概括熵的实质。

（1）从物理学角度来说，熵是对分子紊乱程度的描述。紊乱程度越大，熵越大。

（2）从数学角度来说，熵是对随机过程不确定性或模糊性的量度。不确定性或模糊性越大，熵越大。

（3）从系统论角度来说，熵是对系统无序性的量度。无序性越大，熵越大。

（4）从控制论角度来说，熵是对系统无组织性程度的描述，无组织性程度越高，熵越大。

（5）从信息角度来说，熵是对系统丢失信息的量度，信息丢失意味着系统混乱程度增大。要使系统有序化就需要信息。信息和熵互补，信息就是负熵。

（6）从信息论角度来说，熵是对消除系统不确定性所需信息的量度，系统待消除不确定性越大，熵越大，所需的信息量越大。

（7）从能量及其利用角度来说，熵是对不可逆性耗散的能量的量度。无效的封闭的能量越多，熵越大。熵增加意味着有效能量的减少。

（8）从资源角度来说，熵是对资源不可再生化程度的量度。熵增加意味着后代可享有的资源减少。

（9）从环境保护角度来说，熵是对污染程度的量度。污染加剧，熵增大。

2.2 熵　思　想

熵理论的本质是代表着一种非永恒、非平衡和非实体的思想观念。它的发展历史，就是对“不确定性”度量的历史。通过对熵定律及其应用的熵原理的归纳和总结，人们提出了以下9个熵思想。

2.2.1 熵思想 1

熵思想 1：时间之矢——方向性，方向性的含义主要有以下 3 个方面：

（1）自然界某些局域过程具有不可逆性，表现为“覆水难收”；

（2）时光不能倒流，并不存在时间隧道；

（3）封闭系统终将向熵最大方向发展，即封闭系统达到平衡态熵值最大。

2.2.2 熵思想 2

熵思想 2：状态刻度——对应性，熵是一个系统的状态函数，熵值大小标志着系统发展的阶段和层次，熵值是相对的、动态的，但不是唯一的，系统有很多种熵。

（1）熵是对系统状态丰富程度或复杂程度的表述；

（2）熵是对系统的无序程度或混乱程度的度量；

（3）熵是对系统不确定性的度量。

2.2.3 熵思想 3

熵思想 3：事物在发展过程中具有努力争取自由的倾向。最大熵准则告诉我们，事物总是在无奈的约束条件下争取最大的自由，自发地向最复杂最无序的状态发展。

2.2.4 熵思想 4

熵思想 4：熵比能量更重要，是对能量衰减程度的度量。一切不可逆过程的熵是不会减少的，其终极状态是最大熵状态，也就是通常所说的无可挽回的结局。能量是可以永恒不灭的，但能量的状态和分布（熵）却朝向最大熵状态转化。

2.2.5 熵思想 5

熵思想 5：熵越大，系统越不稳定，越无序。

（1）系统组成元素的多少（系统的规模性）影响系统的熵值；其他条件相同时，规模增大，熵值也会增大；

（2）元素种类越多、元素间的关系（系统的复杂性）越复杂，熵值越大；

（3）所拥有的有用信息量（系统的确定程度）增多，熵值减少；

（4）系统的目标对熵值起决定性作用。

2.2.6　熵思想 6 至熵思想 9

熵思想 6：自然界的运动害怕平衡。自然界的平衡意味着能量分布均匀，但拉平就会失去优势、没有潜力、丧失活力从而导致平均主义。

熵思想 7：宜疏不宜堵。针对灾难性事物和不利因素而言，宜疏导而不宜迎面拦截，增加系统外不利事物的熵，也就是降低系统内的熵。

熵思想 8：现代文明的基石——人与自然的协调发展。人类应当与自然和环境协调发展，而不是与自然斗争，向自然索取和征服自然。

熵思想 9：信息离不开人。香农熵告诉我们，信息的输入可以引入负熵，而人是信息的创造者和载体。

2.3　耗散结构理论

耗散结构理论（dissipative structure theory）是研究开放系统在非平衡条件下，如何由混沌转化为有序的学科。1967 年，比利时物理学家普里高津通过对非平衡态物理学的研究，指出远离平衡态的开放系统，在外界物质流、能量流和信息流的维持下，通过自组织形式可以形成一种新的有序结构，称之为“耗散结构”。普里高津将开放系统的概念引入热力学第二定律，摆脱了热力学定律关于系统最终都将走向“热寂”的悲观情绪。

耗散结构不是一种静止的平稳状态，在与外界进行物质和能量交换的同时，其内部的运动格局也有所改变，是一种动态的稳定的有序结构，这就使系统的进化有了动力和保障。

按照普里高津的认识，系统的熵由两部分组成：正熵表示“无序”，负熵表示“有序”，系统的总熵 $\mathrm{d}S$ 可表示为

$$\mathrm{d}S=\mathrm{d}S_i+\mathrm{d}S_e \tag{2-8}$$

式中：$\mathrm{d}S_i$ 为系统内部不可逆过程引起的熵，恒为正值，系统越混乱熵值越大，系统越有序熵值越小；$\mathrm{d}S_e$ 为负熵，是系统与外界进行物质、能量和信息交换所引起的熵变，其值可正可负，具体视系统与环境的关系而定。

当 $\mathrm{d}S_e>0$，且 $\mathrm{d}S=\mathrm{d}S_e+\mathrm{d}S_i>0$ 时，系统从外界吸收的熵为正，总熵增加，系统处于退化状态，系统的混乱度增加，任其发展，导致系统崩溃瓦解。

当 $dS_e<0$，且 $|dS_e|<|dS_i|$ 时，系统从外界吸收一定的负熵，但较小无法抵消自身的熵增，系统将逐步走向衰落。

当 $dS_e<0$，且 $|dS_e|=|dS_i|$ 时，系统吸收了一定的负熵且完全抵消了内部的熵增，总熵没有变化，系统处于平衡态。

当 $dS_e<0$，且 $|dS_e|>|dS_i|$ 时，系统从外界吸收到了足够的负熵，总熵减小，系统进入进化状态，新的结构和新的组织（即耗散结构）将自发形成。

2.3.1 耗散机理

开放系统在与外部进行物质和能量交换时，会产生涨落和突变两种现象。

1. 涨落

涨落是指系统中某个变量的行为对平均值所发生的偏离，它使系统离开了原来的轨道和状态。当系统处于稳定状态时，涨落是一种干扰，它将引发系统的混乱和无序。若系统具有很强的抗干扰能力，便能迫使涨落逐步衰减，使系统再次回到原来状态。当系统处于不稳定状态时，小的涨落不仅不衰减，有可能会放大，驱使系统从不稳定状态跃迁到一个新的有序状态。

2. 突变

临界值（阈值）对系统性质的变化具有重要意义，在临界点附近控制参数微小改变就能引发系统明显的大幅度变化的现象，称为突变。在突变过程中，系统从混沌状态转变为有序的耗散结构状态。

对于复杂系统来说，各子系统之间相互作用会产生各种误差，与外界进行能量和物质交换也会产生各种随机扰动，因此涨落在系统中是长期存在、无法消除的，它是系统从一个定态突变到另一个定态的基础。从哲学角度看，没有涨落带来系统熵增，就不会产生系统质的飞跃。

2.3.2 耗散结构的形成条件

系统形成耗散结构是实现由混沌向有序转化的必要条件。耗散结构的形成条件有以下 4 方面。

1. 开放系统

热力学第二定律指出：孤立系统的熵值会自发增大到最大值，使系统达到最无序的平衡态。因此，对于孤立系统来说，耗散结构的熵值总是增加的，且推动系统状态由有序向无序演化；而对于开放系统来说，由于与外界进行物质、能量和信息的交换，引入负熵使系统自发产生的正熵得以抵消，从而促使系统实现由无序到有序的逆向演化。

2. 远离平衡态

普里高津指出："开放系统并不能保证耗散结构的形成，只是该结构形成的必要条件之一。"促使系统形成耗散结构的另一必要条件是远离平衡态。平衡态是静态的稳定结构，这种结构形成后，只有将其孤立起来，才能得以维持。而耗散结构是动态的稳定结构，是在开放和远离平衡的条件下形成的，需要系统与外界不断地进行物质、能量和信息交换才能得以维持。因此，必须将开放系统从平衡态的线性区推向远离平衡态的非线性区，才能形成耗散结构。

3. 存在非线性作用

远离平衡态的开放系统，其演化过程具有多样性的特点，即各子系统之间存在非线性的相互作用，使系统既具有各子系统的特质，又涌现出各子系统本身不具有的新特质，产生 1+1>2 的效果。

4. 涨落导致有序

当系统中某一变量偏离平衡态时，就会产生涨落。涨落对远离平衡态的系统形成有序结构，具有建设性作用。对于远离平衡态的系统，即使随机的小涨落，也可能在系统非线性作用下被放大，引发系统整体上的"巨涨落"，使系统朝着新的有序状态发展，形成耗散结构。因此，涨落是促使系统形成耗散结构的最初驱动力。

2.4 武器装备建设发展的熵理论分析

武器装备建设发展是一个复杂系统，是系统要素之间的某种性能、状态以及系统总体运行特征和机理的一种描述。系统的有序程度越高、系统可靠性越强、演化方向就越能确定，系统的输出功能越强大。从系统科学讲，武器装备建设发展可以解释为系统的各个构成要素或子系统之间相互匹配、相互补充、相互协调，系统科学可控、内耗小、效率高，系统与外部环境之间良性循环、协调推进。为此，本书借鉴熵理论，从熵的视角，对武器装备建设发展模式和路径进行分析。

2.4.1 武器装备建设发展的熵特征

在孤立的系统条件下，系统熵值会自发地趋于最大值，使系统朝着最无序的状态发展。武器装备建设具有与热力学系统粒子（原子、分子）运动相似的特征，在封闭的市场环境中，民口企业、科研院所等经济市场主体无法参与到武器装备科研、生产与维修保障中去。武器装备市场形成固化的利益藩篱，发展过程中不可逆的熵增，使武器装备建设朝着僵化的方向发展，“拖、降、涨”现象频发，严重制约了武器装备现代化建设的发展水平。武器装备建设的构成要素，包括参与主体、管理体制、运行机制以及其他一切相关要素的发展，都与热力学系统粒子类同，具有不确定性的特征，但整体发展却遵循一定的规律。因此，武器装备建设的整体水平不能简单地用单个要素运动状态的加和来表示，而取决于初态和终态，这十分符合熵的定义及内涵。

2.4.2 武器装备建设发展耗散结构形成的条件

武器装备建设发展遵循有序到无序再到有序循环往复的客观规律。在其发展过程中，只有始终与外界保持能量和物质交换，才能长久地富有活力与发展潜力。武器装备建设发展形成耗散结构所具备的条件如下：

1. 武器装备建设发展是一个开放系统

武器装备市场发展过程中，与外界环境既有物质与能量的交换，也有信息的交换。一方面，武器装备建设的发展离不开优势社会资源的补给与支持，同时也会对社会经济发展产生溢出效应，如先进的技术成果、优质的产品等。另一方面，武器装备建设需要与外界进行充分的科技信息、需求信息、制度信息、政策信息、人才信息等诸多信息交互，才能长久保持可持续发展的活力。

2. 武器装备建设发展是一个远离平衡态的动态系统

在武器装备建设漫长的发展历程中，经历了由无序走向有序，进而无序又达到更高层次的有序的循环往复过程。武器装备市场始终处于一种动态的非平衡态，具有很强的自学习和自适应能力。从武器装备建设初创期到现在的加速发展期，由于国际局势变化，以及国防建设与经济建设协调发展的需要，武器装备市场经历了军民分离、军民结合、初级融合到向深度融合推进的不同发展阶段。每一次制度的变革，都对武器装备建设产生深远而长久的影响，不断推动武器装备建设向更高的耗散结构跃升。

3. 武器装备建设发展存在复杂的非线性相互作用

影响武器装备建设发展的关键因素之间存在复杂的非线性相互作用，这种作用不是简单的因果关系、叠加关系，而是正反馈的倍增效应和负反馈的限制效应同时存在的非线性相互作用。这些影响因素之间相互作用，既可能相互协同，促使武器装备建设形成良性循环，朝着有序化的方向发展；也可能彼此抑制，形成不利循环，使武器装备建设朝着僵化滞后的方向发展。如果各关键因素能够协同作用，则对推动武器装备建设发展产生正反馈的倍增效应。如果影响因素之间相互牵制，即使从外界引入负熵，也难以消化吸收。例如，运行机制的不健全，可能会导致优势社会资源无法及时引入到武器装备建设领域中；管理体制的不顺畅，可能导致相关政策不能得到有效落实等。

4. 武器装备建设有序发展受涨落事件影响

武器装备建设发展存在很多随机性和不确定性。在武器装备建设发展过程中，由于参与主体的理性和非理性行为使武器装备建设发展过程中有序、无序与混沌共存。武器装备建设发展受诸多因素影响，这些因素相互作用、相互联系共同作用于武器装备建设发展。战略规划变动、体制机制改革、政策法规变化、产业结构调整、科学技术进步等“涨落”事件都会对武器装备建设发展产生极其复杂的非线性作用，使其向着有序的方向发展。

通过对熵理论和耗散结构理论的研究与分析可知，耗散结构理论研究中一个主要元素是熵，通过熵的变化来刻画系统的发展演变过程。运用熵理论和耗散结构理论对武器装备建设进行研究，通过武器装备建设有序熵的发展变化，来刻画其从无序到有序的演变过程，亦即耗散结构的形成过程，具有重要的实践意义与应用价值。

2.4.3 武器装备建设发展的熵思想

武器装备建设发展是由多要素组成的复杂系统。根据熵思想，武器装备建设发展过程中熵理论主要表现在以下几个方面：

（1）熵思想 1 和 4 中指出，封闭系统的熵将向最大方向发展，一旦系统的熵达到了最大值，结局是走向衰亡。对于武器装备建设发展而言，充足的资源并不代表充分的竞争与足够的创新活力，能够把这些资源有机组织利用起来才能真正提高系统发展潜力。如果武器装备市场处于孤立封闭状态，缺少充分的要素整合和利用，会导致系统的熵不断增大，结局是发展受限或者失败。

（2）根据熵思想 5，系统越不稳定就越无序，系统组成要素的多少对系统熵值有直接影响，系统的规模越大，其可能达到的最大熵也越大。由此可以推断，武器装备建设发展系统内各元素之间的关系越复杂，熵值就越大。因此，为减少系统熵增，保证系统的发展活力，武器装备建设发展系统不应过分追求规模，应尽量精减武器装备管理链条，优化发展结构，将要素数量、要素内容、系统规模控制在合理范围内。

（3）根据熵思想 6，自然界的运动害怕拉平，拉平就是无差别、无优势。无差别就是无核心、无能力。而武器装备建设发展系统更害怕拉平，武器装备建设发展必须剔劣选优，更要优中选精。为把武器装备建设发展的结构设计成低熵的形式，更要注重培育和发展武器装备的科研生产能力。

（4）根据熵思想 5，目标不同，熵值也不尽相同，因此在武器装备建设发展中，要结合不同阶段武器装备发展目标区别对待，针对不同目标选择合适的武器装备发展模式和路径。

（5）根据熵思想 5，掌握和拥有的信息越多，熵就越小。增加系统拥有的信息量，能够降低系统的不确定性，从而降低系统的熵值。对于武器装备建设发展，应尽量追求低熵境界，增强信息的流通性和透明性，减少不确定性，不但明确自己应该干什么，而且清楚应该怎么干，那么系统就是趋于完全确定的，实现系统运行的低熵。因此，武器装备建设发展应建立有效沟通与协调方式以降低系统的熵。同时，为了保证信息传递的通畅性，还应该做好基础管理工作，使得信息能够及时准确地向各个方向传递。

（6）根据熵思想 2 和 3，系统若无约束地顺其自然发展，必然向最混乱的方向发展，最终达到熵的最大值。此时，系统脆弱性极高，呈僵硬化，破产灭亡是其自然的结局。因此武器装备建设发展必须要加以有效的约束，例如，武器装备市场准入和监管等，加强武器装备建设发展的监督管理。外界信息的输入是系统熵降低的途径，通过建立动态的外部监督机制，在武器装备建设发展过程中，不断输入信息以降低熵，提高系统的运作能力。

（7）根据熵思想 2，低熵的状态需要有意识的专门的努力。为了抵抗武器装备建设发展系统熵增趋势，系统内要素应不断加强自身学习能力，提高能力水平，否则很可能会因为系统的低熵要求而影响整体发展。

(8) 根据熵思想 7，遇到不利事物或对手时，宜疏不宜堵。武器装备建设发展不仅面对来自系统内的熵增威胁，还有大量的系统外生风险随时干扰系统的有效运行，应加强外部风险的预警与防控，增加对手的熵就是降低自己的熵。

(9) 根据熵思想 9，信息离不开人，信息的输入能够减熵。由于人是信息的创造者和载体，因此抓好武器装备建设队伍是非常重要的。通过各种方式加强武器装备管理人才、技术人才、保障人才培养，增加人才的稳定度，降低由于外界输入对人的不利影响。

(10) 熵思想 8 指出，人与自然要协调发展。对于武器装备建设发展应充分考察其环境与可持续发展能力，减少对自然的熵增。武器装备建设发展过程中，往往只注意到资源的使用价值，而忽略了自然永存的内在价值，为了满足眼前局部的利益，对相关资源进行过度利用，导致自然界的熵增，最终危及武器装备建设的持续发展。整个武器装备建设发展要本着可持续发展的理念，要自觉地接受社会规律的支配，促进武器装备建设发展与社会的稳定、同步进化和协调发展。

2.4.4 武器装备建设发展的自适应性

武器装备建设发展自适应性，是指“系统在外界环境和本身结构处于不可预测变化时，能自动调整或修改其本身的参数来适应这种变化”，使系统能够维持“至少不降低其有序结构和功能”的状态。武器装备建设发展的自适应性反映武器装备建设发展系统对外部熵增的吞吐能力。系统进化论还指出，“即使一个系统的有序性提高了，但是否真的实现了进化，还要经过环境的考验，也即看对环境变化的适应能力或抗干扰能力”。可见，自适应性越高，武器装备建设发展结构就越稳定，越有利于降低熵增。影响武器装备建设发展自适应能力的因素主要有以下几点：

1. 武器装备建设发展系统整体性越强，自我调节的空间越大

整体性是系统思维的一个最基本原则。任何系统都是系统内部诸要素、诸部分之间及系统与外界环境之间相互协调作用所构成的一定有组织的有机整体。系统在演化、发展过程中，具有部分与部分、部分与整体、整体与环境间所体现出的空间整体性。对于特定的武器装备建设发展系统，整体性强意味着资源丰富，自我调节空间大，协同力、自调节能力也就强大，从而消化和排除熵增的能力也强，否则，如果出现对抗、分裂，或者区域、军兵种

发展极不平衡，凝聚力就不高，抵御外力的合力也不强，从外部涌入熵增可能性就很大。

2. 武器装备建设发展系统开放程度越高，越有利于吸收负熵

耗散结构理论指出，开放是系统生存和发展的必要条件，任何发展的系统都必须要有相应的外部环境与之进行必要的物质、能量和信息的交换，封闭的系统必然会走向热寂和无序。马克思的社会学理论也曾提到，任何社会都不可能拥有实现社会发展所需的一切物质资料和精神资料。由于资源情况、消耗方式的差异，加上各种随机因素，武器装备建设发展难免出现资源缺乏、结构失调、体制僵化等发展问题，这些问题正是武器装备建设发展熵增的一些具体诱因。武器装备建设发展的开放性包括对外开放与内部开放（宽松）两个方面。开放性是一个关系到武器装备建设发展能否与外界互通有无，能否从多种角度吸收新思维，缓解矛盾后，排放熵增的因素。

3. 武器装备建设发展的自主性越强，支配外界能力越强

自主性是系统整体演化、发展的推动力来源于系统自身，而不需要任何（或较少）原始的外在推动力的系统性能。系统进化论指出，系统自主性的增强是系统进化的标志之一。武器装备建设发展自主性的强弱取决于是否具备正常发展所必需的资源，是否具备独立决策的自主权。武器装备建设发展的自主性强，意味着对外界的支配能力就大，这样武器装备建设发展就越能快速调动各种有利因素抵御外来或自发的熵增。武器装备建设发展自主性不足，则容易处处被动，受制于环境，直至失控，甚至沦为外界熵增的排放地。特定的武器装备建设发展系统，无论武器装备科研生产水平高低，社会制度如何，管理效率总是随着时间递减，导致冲突和无序不断增加，如果不通过调控，武器装备建设发展就难免出现动荡，甚至崩溃。

第3章 武器装备建设发展的关键因素分析

影响因素既是决定事物发展的原因与条件，也是事物发展不可或缺的要素与组成部分。武器装备建设发展是一项复杂的系统工程，影响其发展的因素有很多。因子分析法是一种多变量分析技术，它通过对诸多变量的相关性进行研究，达到提取主要因子，降低维数的目的。本章在系统梳理我国武器装备建设发展历程和存在问题的基础上，科学提炼我国武器装备建设发展的基本原则与规律，并运用系统工程理论思想，从宏观、中观、微观3个层次列举分析了影响我国武器装备建设的因素，运用因子分析法探究影响因素之间的相关性，进行归类处理，提取影响武器装备建设发展的关键因素。

3.1 基础理论

3.1.1 系统工程理论

1. 系统工程概念

系统工程是指从系统观念出发，以最优化方法求得系统整体的最优的综合化的组织、管理、技术和方法的总称。它是一种为了最好地实现系统的目的，对系统的组成要素、组织结构、信息流、控制机构等进行分析研究的科学方法。它运用各种组织管理技术，使系统的整体与局部之间的关系协调和相互配合，实现总体的最优运行。

系统工程不同于一般的传统工程学，它所研究的对象不限于特定的工程物质对象，而是任何一种系统。它是在现代科学技术基础之上发展起来的一门跨学科的边缘学科。钱学森教授在 1978 年指出:"'系统工程'是组织管理'系统'的规划、研究、设计、制造、试验和使用的科学方法,是一种对所有'系统'都具有普遍意义的科学方法。"

系统工程方法的主要特点包括以下三点:一是把研究对象作为一个整体进行剖析,分析研究对象各个组成部分之间的相互联系和相互制约关系,使研究对象的各个部分相互协调配合,服从整体优化要求;在分析局部问题时,亦从整体协调的需求出发,综合评价系统整体协调性效果,选择优化方案。二是运用各种科学管理的技术和方法,从定性与定量相结合的角度进行综合分析。三是对系统的外部环境和变化规律进行剖析,分析它们对系统的影响,使系统适应外部环境的变化。

系统工程与一般工程技术的区别是:系统工程应用广泛,不仅研究物质系统,也研究非物质系统,如教育、文化、新闻宣传等系统;而一般工程技术以具体的物质系统为对象。系统工程从全局、整体上处理系统,以系统论、控制论、信息论为理论基础,又兼具每一类系统工程的专业理论;而一般工程技术主要处理具体技术门类,以专业理论为主。系统工程工作者是系统工程师,是决策人的委托人、参谋、助手,为社会服务;而一般工程师是专门技术人员。二者有不同的业务素质要求。

2. 系统工程理论应用

系统工程的步骤和方法因处理对象不同而异。对一般步骤和方法的研究比较有影响的是美国贝尔电话公司系统工程师 A. D. Hall 于 1969 年提出的三维空间法:①时间维,表示工程活动从规划到更新阶段按时间顺序安排的 7 个阶段,包括规划阶段、拟定计划方案阶段、研制阶段(并制订生产计划)、生产阶段(生产系统零件、提出安装计划)、安装阶段、运行阶段、更新阶段。②逻辑维,指完成上述 7 个阶段工作的思维程序,包括:明确问题,即搜集本阶段资料,提供目标依据;系统指标设计,即提出目标的评价标准;系统综合,即设计出所有待选方案或对整个系统进行综合;系统分析,即运用模型比较方案,进行说明;实行优化,即从可行方案中选优;进行决策;实施计划。③知识维,完成各步工作需要的各种知识、技能。

简言之,在逻辑上,系统工程把解决问题的整个过程分成问题阐述、目标选择、系统综合、系统分析、最优化、决策和实施计划 7 个环环紧扣的步骤;在时间上,系统工程把事物发展进程分为规划、设计、研制、生产、安装、运行和更新 7 个依次循进的阶段；在专业知识上，运用系统工程既需要使用某些共性知识，还需要使用各科专业知识。

武器装备的全寿命周期通常包括立项论证、方案设计、工程研制、试验定型、生产、采购、调配保障、使用维护、退役报废等阶段，虽与 A. D. Hall 提出的三维空间法的阶段划分略有不同，但是其阶段划分的总体思想是一脉相承的，因此武器装备建设是一项复杂的系统工程，系统工程理论适用于武器装备建设发展模式与路径的研究。

3.1.2 因子分析

在对某一问题进行论证分析时，为了增强分析的准确度，需要从多个角度采集大量的数据。这种方法不仅增加了工作量，而且由于变量之间存在相关性会增加工作的复杂性。因子分析法是一种多变量统计分析方法，它从研究数据内部的相关性出发，把一些具有错综复杂关系的数据进行分类归并，归结为少数几个互不相关的综合指标。这些综合指标也称为因子或公因子。采用因子分析法对原始数据进行分析处理，不是简单地对原始数据进行取舍，而是将原始数据进行重新组构，它能够反映原始数据的大部分信息。因子分析法的具体步骤如下。

1. 确定待分析的原始变量是否适合进行因子分析

因子分析法是从众多具有较强相关性的原始变量中重构出几个具有代表意义的因子变量的过程。因此，进行因子分析之前，需要对原始变量的相关性进行分析，计算变量之间的相关系数矩阵。本书采用 KMO（Kaiser-Meyer-Olkin）校验法对原始变量之间的简单相关系数和偏相关系数进行比较，分析原始变量是否适合进行因子分析。KMO 校验法的计算公式为

$$\mathrm{KMO}=\frac{\sum\sum\limits_{i\neq j} r_{ij}^2}{\sum\sum\limits_{i\neq j} r_{ij}^2+\sum\sum\limits_{i\neq j} p_{ij}^2} \tag{3-1}$$

式中：r_{ij}^2为变量 i 和变量 j 之间的简单相关系数；p_{ij}^2为变量 i 和变量 j 之间的偏相关系数。

KMO 的取值介于 0 和 1 之间，取值越大表明变量间的共同因子越多，越适合进行因子分析。通常按以下指标解释 KMO 的取值：取值达到 0.9 以上，表示非常适合进行因子分析；取值在 0.8～0.9 之间，表示很适合进行因子分析；取值在 0.7～0.8 之间，表示适合进行因子分析；取值在 0.6～

0.7 之间，表示不太适合进行因子分析；取值在 0.5~0.6 之间，表示勉强可以进行因子分析。如果 KMO 的取值低于 0.5，表明样本偏小，需要扩大样本。

2. 提取共同因子，确定因子数目

将原始变量综合成少数几个因子是因子分析的核心内容，常用的因子提取方法有主成分分析法和主轴法，其中又以主成分分析法使用最为普遍。主成分分析法能以较少的成分解释原始变量方差的较大部分，它把多个变量组成一个多维空间，然后在空间内投射直线以解释最大的方差，所得的直线就是共同因子，也称为第一因子。但是空间内还有剩余的方差，所以还需要进行多次正交投射，以得到第二因子、第三因子等。原则上，共同因子的数目与原始变量的数目相同，但抽取主要的因子之后，如果剩余的方差很小，就可以放弃其余因子，以达到简化数据的目的。

因子数目的确定可借助特征值准则和碎石图检验准则来确定。特征值准则选取特征值大于或等于 1 的主成分作为初始因子，而舍弃特征值小于 1 的主成分。碎石图检验准则是根据因子提取的顺序绘制出由高到低、先陡后平的散点图，曲线开始变平的前一个点被认为是提取的最大因子数，后面的散点类似于山脚下的碎石可舍弃，并且不会丢失很多信息。

3. 使因子变量具有命名可解释性

一般说来，通过因子提取法得到的因子变量的解释能力较弱，不容易对其命名。这时，往往需要进行因子旋转，通过坐标变换使因子的意义更容易被解释。转轴的目的在于改变各因素负荷量的大小，使得变量在每个因素的负荷量更接近于 1 或者 0，从而使共同因子的命名和解释变得更加容易。

4. 计算因子得分

计算因子得分就是计算因子在每个样本上的具体数值，由此形成的变量称为因子变量。通过计算因子得分可以得到因子变量与原始变量之间的线性关系，为进一步用较少因子代替原始变量参与数据建模奠定基础。

5. 因子内涵分析

经过因子分析得到的因子变量是对原始变量的综合，原始变量是有物理意义的变量，如何对新的综合变量进行命名使其涵盖原始变量所包含的意思，是因子分析的另一核心问题。

3.2 我国武器装备建设发展的基本原则与基本规律

3.2.1 我国武器装备建设发展基本原则

1. 参与主体多元化

我国传统的武器装备建设主体主要有政府、军队以及国防科研、生产部门等。在武器装备市场隐形“玻璃门”的作用下，民口企业被挡在市场之外。随着科学技术的不断发展，一些具有军事应用前景的民用技术水平逐步达到或超过军用水平。武器装备建设发展战略为这些高技术民营企业、私营企业、科研机构等地方力量参与武器装备建设提供了机遇，使武器装备建设的主体呈现出多元化的趋势。地方武器装备科研、生产与维修保障力量的广泛参与，为武器装备建设注入了新的力量，激发了竞争活力，但同时也增加了市场的复杂性。

2. 发展形式多样化

实现武器装备跨越式发展，需要积极引入先进的社会资源，对武器装备建设形成重要的补充与支持作用。资源是武器装备建设的重要物质基础。资源本身没有属性之分，既能为民服务，也能为军服务。如何充分发挥新型举国体制优势，科学统筹利用一切可以利用的社会资源，是实现武器装备现代化的关键所在。能够用于武器装备建设的社会资源很多，包括科技、人才、信息、资金、产品、设备、设施、服务等。武器装备建设发展要突破传统发展思维限制，不断进行制度变革与创新，使发展形式多样化，形成军地信息互通、资源共享、良性互动、协同发展的良好局面。

3. 运作方式市场化

“努力构建国家主导、需求牵引、市场运作相统一的工作运行体系”，是习近平对解决制约我国武器装备建设协同发展体制机制问题提出的具体要求。市场运作是推进武器装备建设协同发展，加速现代化的基本手段。国家主导决定了军地资源配置的结构和速度，需求牵引决定了军地资源配置的方向和规模，市场运作则是实现军地资源配置的最终方式。武器装备建设发展是在市场经济环境中进行的，市场化运作是其鲜明特征。能否充分发挥市场机制对军地资源的配置作用，决定着武器装备建设发展的效率效益。

4. 发展过程信息化

当今世界，信息化成为全球经济发展的重要特征，广泛渗透到经济社会发展的各个方面。处于这样的时代背景下，武器装备建设在发展过程中，必然要借助信息技术、信息网络、信息资源等各种信息化发展带来的便利条件，提高军地资源利用效率。例如，全军武器装备采购信息网，面向军队装备采购部门、军工集团、民营企业等全面开放，成为需求信息发布、优势产品和技术信息推送、军地需求对接、交流互动的重要平台。可以预见，在未来武器装备建设现代化发展的进程中，越来越多的信息化手段将被运用。

3.2.2 我国武器装备建设发展基本规律

1. 政策导向规律

政策是一定的历史时期内，国家为了达到某种奋斗目标而制定的行动准则。武器装备的特殊属性，决定了其相关建设活动必须受国家的严格管理和控制。优化配置军地资源，实现武器装备现代化建设，是国家行为和国家意志的体现，需要国家在顶层进行统筹规划，通过政策进行引导。政策先行是世界各国实行武器装备建设的普遍做法。例如，美国政府颁布的《2009 年武器装备采办改革法》中明确指出，在武器装备样机的开发和演示验证阶段，要最大限度地保持两家或者两家以上的承包商参与研制；在维修保障阶段，不能只限于研制与生产的承包商，应使更多具有资质的参与者参与进来，这为武器装备市场培育竞争主体提供了保障。俄联邦政府相继出台一系列的“军转民”政策以及国防工业改革和发展规划，对于充分发挥军事工业生产对国民经济发展的溢出效应起到了积极的作用。我国在统筹武器装备建设资源方面，也十分重视政策的引导作用。特别是党的十八大以后，先后颁布一系列装备建设军地协同发展的大政方针，对实现武器装备现代化建设起到了极大的促进作用。

2. 需求牵引规律

“强化军事需求牵引”是习近平对实现武器装备建设现代化做出的重大指示。这一重要论述，揭示了军事需求是促进武器装备建设现代化的逻辑起点和源头，是促进武器装备建设深度发展的根本牵引力，这主要体现在两个方面：

一是围绕军事需求进行的制度变革，能够为武器装备建设发展创造良好的制度环境。十八大以来，武器装备建设领域进行了一系列的制度变革，为武器装备建设跨越式发展创造了条件，扫除了障碍。例如，实行武器装备质量管理体系认证与装备承制单位资格审查两证合一，简化了武器装备市场的准入流程。

二是围绕军事需求展开的经济活动，能够激发市场巨大的活力。武器装备建设发展中的军事需求是由军方提出的，是军事需求向经济建设领域的延伸，需要依托人力、物力、财力和科技力等社会资源提供保障。这类军事需求通常具有军民两用、建设周期长、实现途径多样、综合效益大等特点，能够为承研、承制、承修单位提供广阔的市场前景和巨大的经济效益，从而激发以科研院所、民口企业为代表的地方力量积极参与进来。

3. 市场驱动规律

习近平指出要“充分发挥市场在资源配置中的基础性作用”。市场是资源配置的基本方式，武器装备建设跨越式发展要充分利用军地资源，积极发挥市场对资源的优化配置作用，实现对军地可利用资源的统一调配，是推动武器装备建设跨越式发展的本质要求。在市场机制的作用下，武器装备建设实现了“军”与“民”由“分”到“合”的转变，由初级融合向深度融合的推进。灵活的市场机制，不仅能够减少武器装备交易的中间环节，降低信息获取与传递的成本，节约交易费用，而且使需求方能够更加及时、准确、全面地了解和掌握市场的先进技术、产品信息，使供给方能够更加迅速对军方需求信息做出反应，从而提高供需双方的决策效率。通过市场机制的利润与效益导向作用，还可以鼓励有实力、有潜力的民口单位积极参与武器装备建设，扩大竞争主体的规模。

4. 科技助推规律

高技术化成为世界武器装备发展的普遍趋势，因此现代战争不仅是武器装备的较量，更是先进科学技术的较量。科学技术本身具有先行性、基础性、公益性和通用性等特点，既能为民用服务，也能为军用服务，是武器装备建设发展的重要助推力。科学技术的基础性与通用性，使军技民用与民技军用成为现实，促成了武器装备建设领域的技术基础变革，使军民通用技术标准得以统一、技术资源得以交流、技术成果得以共享。

科学技术特别是军民两用技术，对于促进武器装备建设发展具有桥梁与纽带的作用。世界发达国家在武器装备建设发展过程中，都十分重视军民两用技术的开发与应用。军民两用技术开发是指在技术预研计划立项时，就综合论证技术的军用前景与民用潜力，充分考虑军民两用兼容问题的技术开发活动。发展军民两用技术不能只注重经济效益，而是要把技术的军事用途放在首位，以增加国防科学技术的储备量，加速平战转换的进程。不仅如此，随着民用技术的快速发展，越来越多的民用技术将被用于武器装备建设，成为军民两用技术。我国也十分重视军民两用技术的助推作用，将其作为动员全社会资源参与武器装备建设的抓手，颁布了一系列相关措施意见，对促进军民两用技术发展具有重要影响。

3.3 武器装备建设发展的初拟影响因素

通过对我国武器装备建设发展历程及存在问题的客观分析，以及对我国武器装备建设发展的基本原则与基本规律的总结提炼，可以知道影响我国武器装备建设发展的因素众多。本书从宏观、中观和微观3个方面，对影响武器装备建设发展的因素进行梳理，初步筛选拟定了33个影响因素，具体如下所述。

3.3.1 宏观影响因素

宏观影响因素是指国家层面影响武器装备建设发展的因素，即武器装备建设的宏观环境因素。

1. 武器装备建设战略环境

2017年10月18日，习近平在十九大报告中提出了要“全面推进军事理论现代化、军队组织形态现代化、军事人员现代化、武器装备现代化，力争到2035年基本实现国防和军队现代化，到21世纪中叶把人民军队全面建成世界一流军队”。“十四五”规划又提出要“全面加强练兵备战，提高捍卫国家主权、安全、发展利益的战略能力”，要“加快武器装备现代化，聚力国防科技自主创新、原始创新，加速战略性前沿性颠覆性技术发展，加速武器装备升级换代和智能化武器装备发展”。这些大政方针为实施武器装备建设现代化发展战略提供了契机。

2. 基础设施建设环境

“十四五”规划指出要“强化基础设施共建共用，加强新型基础设施统筹建设，加大经济建设项目贯彻国防要求力度。”基础设施建设是物质生产与劳动力再生产的重要条件，是国民经济与国防经济各项事业发展的重要基础。经过长期的发展，我国构建了一套门类齐全、配套完整的基础设施体系，并且在重大基础设施的建设中十分重视贯彻军事需求，使其具备军民两用的功能，如：我国大力加强交通运输建设，建成了由铁路、公路、航空、水运、道桥、港口等组成的综合运输网，平时用于民生物资的运输，战时可用于军需物资运输以及军用飞机起飞和舰船停靠；我国还建成了技术先进、覆盖面全的国家通信基础网络，为信息的快速传递提供了条件。完善的基础设施环境为武器装备建设发展提供了现实基础。

3. 国防科技工业技术基础建设环境

国防科技工业技术基础是运用科学理论和技术，为保障武器装备科研生产和促进国防科技工业发展而进行的基础性科学研究、技术应用和技术管理等一系列工作和活动的总称。技术基础在国防现代化建设与经济建设中发挥着重要的引导、规范、服务和监督的作用，是武器装备建设发展的重要支撑与保障。

4. 人才资源环境

“十四五”规划提出要“加强军地人才联合培养，健全军地人才交流使用、资格认证等制度”。我国是世界第一人口大国，具有丰富的人力资源。新中国成立以来，我们党和国家十分重视人才的培养工作，颁布了一系列人才培养的政策措施，为各领域造就了大批人才。近年来，在注重本土培养的基础上，国家加大了国外先进人才的引进工作。实现武器装备快速发展，人才是关键，围绕武器装备建设项目促进人才融合，可以有效地优化配置军地高科技人才资源。

5. 通用技术发展环境

军民通用技术是促进武器装备建设跨越式发展的切入点，良好的通用技术发展环境能够为武器装备现代化建设发展稳步推进提供保障。在功能上具有军民两用性的通用技术有信息技术、制造技术、生物医药、新材料、新能源、航空航天、现代交通等。其中，民口企业在信息技术、能源、材料、制造业等部分技术领域已经领先于军用水平，与国际先进水平基本持平，将先进的民用技术、产品工艺运用于武器装备建设，能大大缩短武器装备的研制周期。

6. 市场经济环境

随着社会主义市场经济体制改革的不断深入，民口企业的经济实力也得到了极大的提升，涌现出华为、联想、中兴等一大批大型的民口企业，这些企业拥有先进生产技术和雄厚资金实力，在自主创新和新产品研发方面具有很强的能力，不论是在传统产业还是在战略性新兴领域，都经历了长期的创新发展，积累了丰富的市场经验和技术成果。许多企业在规模、产品质量、制造工艺以及核心技术等方面基本上接近或达到世界先进水平。鼓励这些企业参与武器装备分系统及配套产品的研制生产，不仅可以节约武器装备科研经费，降低采购成本，而且可以使武器装备在技术的稳定性和先进性方面得到更大的提高。

7. 军工企业改革

军工企业改革是为提高自身保军转民、自主创新和市场竞争等能力，主要包括体制结构、规模布局、产业结构、经营机制等方面的调整改革。多年的实践证明，军工企业结构调整与武器装备建设是直接联系的，每一次军工企业进行重大结构调整，都会对武器装备建设产生重大影响。

8. 国防科技工业产业格局

国防科技工业产业格局是指国防科技工业内部的结构与布局，主要受行业结构、军民结构、产业布局三因素的影响。行业结构是横向基础，军民结构、产业布局是纵向推动力。经过长期的发展，我国国防科技工业形成了高度集中的行业结构，各行业领域的武器装备建设协同发展意识有所增强，产业布局初步形成，为推动武器装备建设深度协同发展奠定了基础。

9. 国防科技工业产业组织模式

国防科技工业产业组织模式包括国防产业组织结构与产业运行机制两方面内容。国防产业组织结构是指国防产业体系中的企业结构，包括产业内大、中、小型企业的规模结构以及产业内企业之间的相互关系两层含义。产业运行机制是指保证产业内企业高效运行的机制安排。

10. 国防科技工业产业战略性调整

我国国防科技工业实现了复合发展的战略性转变，主要体现在：一方面，在高技术和新兴产业领域形成了一批具有鲜明特色的军民两用产业，实现了国防科技工业产业的稳速发展；另一方面，发展了具有军工特色的产业集群，推动了军工经济与区域经济的融合发展。

3.3.2 中观影响因素

中观影响因素是介于宏观与微观之间的影响因素，是武器装备建设组织架构层面的因素。

1. 管理机构

国家层面的管理机构主要有国防科工局，它是我国主管国防科技工业的行政管理机关，主要负责军工核心能力建设和重大事项协调；国家工业和信息化部成立的军民结合推进司，负责军民结合及部际协调工作，并统一对口协调国防科工局有关工作；国家发展和改革委员会成立的经济与国防协调发展司，负责加强统筹经济建设和国防建设的宏观管理和顶层设计工作。

军队层面的武器装备建设工作主要由军委装备发展部负责集中统管，各军兵种负责具体建设和管理。国防科技建设工作由军委科技委负责。

2. 准入机制

准入机制是国家通过行政手段对民口企业进入武器装备市场进行管控的方式，即国家通过合理地设置准入壁垒，对进入武器装备市场的民口企业质量和数量进行控制的机制。准入机制是一把双刃剑，一方面可以通过设置合理的准入壁垒对民口企业进行筛选，确保参与武器装备研制生产的企业数量合理，资质较高；另一方面，如果准入壁垒设置过高，又会影响到民口企业参与的积极性，使企业望而却步。

3. 退出机制

退出机制是国家对民口企业退出武器装备市场所采取的行政管控机制。武器装备科研生产具有保密性高、投入资金大、研发周期长、服役时间久的特点，承研承制单位需要进行长期的研发投入和跟踪保障。而民口企业在经营过程中，要面对许多不可预知的市场风险，一旦因为自身经营问题需要退出武器装备市场，不仅会出现保密方面的问题，还会使武器装备的研发进度和维修保障工作受到影响。完善的市场退出机制，一方面可以规避民口企业因特殊原因退出武器装备市场所带来的风险，使武器装备的安全稳定生产与使用得到保障；另一方面能够有效解决在位企业能力参差不齐的问题，使履约能力差的企业退出武器装备市场，确保在位企业的质量。

4. 协调机制

协调机制是为了加强政府、军队、企业等市场主体在武器装备建设过程中的沟通协作而建立的机制，它对推动武器装备建设高效发展具有重要的促进作用。武器装备建设发展涉及的利益主体多，相互之间的利益关系复杂。由于各主体的利益诉求不同，实现各自利益的方式与途径不相同，在武器装备建设发展过程中所处的立场也不同。完善的协调机制具有“桥梁”作用，能够为各利益方提供交流的平台，对于推动军民技术转化和资源共享具有重要的作用。

5. 需求对接机制

武器装备建设需求，是指一定时期内，国家、政府、军队、企事业单位等武器装备建设主体为提高经济建设和武器装备建设质量水平，针对特定对象提出的有关武器装备建设的愿望或条件，包括政策法规需求、发展战略需求、规划计划需求、资源共享需求、基础条件需求等多方面内容。科学有效的需求对接机制，是提高武器装备建设效率的前提，一方面它能够为特定主体的需求发布提供平台，使需求得到及时响应，增强需求对接的时效性；另一方面，便于从顶层统筹和优化武器装备建设的总体需求，避免需求对接的重复低效。

6. 资源共享机制

资源共享机制是指为了实现军民资源的优化配置，最大限度地提高资源的利用率而建立的机制，主要包括信息资源共享、项目资源共享以及人力资源共享等内容。完善的资源共享机制可以打破武器装备市场的资源垄断，为资源需求方获取各项资源提供便利的渠道，进而提高资源获取的质量与实效。

7. 公平竞争机制

公平竞争机制是为保障民口企业与军工企业在竞争中处于平等地位而建立的机制。鼓励民口企业积极参与武器装备研制生产与维修保障的前提，是使民口企业与军工企业在竞争中处于同等竞争地位，享有同等竞争权利。公平竞争机制的建立，可以使民口企业具有与军工单位同等的竞争条件和环境。

8. 监督机制

科学有效的监督机制是武器装备市场高效运行的基础，加强监督管理是保证武器装备建设各项工作有序推进的重要手段。监督机制的主要内容有：一是加强对产品质量和企业生产进度的监督，保证企业能够如期交付合格产品；二是明确企业在武器装备建设中的责任、义务和权利，检查企业履行各项责任和义务的情况。

9. 激励机制

完善的激励机制能够调动民口企业参与武器装备建设的积极性和主动性，促进武器装备建设发展计划的顺利实施。激励机制的形式多样，主要有转移支付、财政补助、贷款贴息、税收减免等。

10. 评价机制

评价机制是指建立评价中介体系、评价标准体系，完善相关制度。具体包括建立评价系统、评价准则与指标体系，健全规范评价程序的相关制度等。科学合理的评价机制是保证武器装备建设按照预先规划计划顺利执行发展的重要手段。

11. 技术转移机制

技术转移主要包括技术成果、信息、能力的转让、移植、吸收、交流和推广普及。武器装备市场的技术转移机制是为军用技术民用化和民用技术军用化提供制度保障而建立的机制，主要负责技术转移程序的建设和渠道的提供。完善的技术转移机制可以促进军民技术融合基础性工作的开展。

12. 价格机制

价格机制是市场机制中的基本机制，它是产品市场价格的形成和运行机制，主要受供求关系的影响。由于武器装备生产的特殊性，其价格机制有别于一般市场经济中的价格机制，主要是政府主导型。武器装备市场完善的价格机制，能够激励企业在市场竞争中进行自主创新，使武器装备的价格趋于合理，提高武器装备的采购效率。

13. 投融资体制

投融资体制是投融资活动的组织形式、投融资方法和管理方式的总称。武器装备市场传统的融资渠道单一，主要是依靠国家投资。创新武器装备市场的投融资体制，能够推动军工企业资本市场化运作，拓宽市场化投资渠道，吸引更多的民间资本和国际资本参与武器装备建设，实现投资多元化，促进市场机制与政府管理机制共同发挥作用。

3.3.3 微观影响因素

微观影响因素是指武器装备建设具体操作层面的因素，是对武器装备建设实践具有直接指导与规范性作用的因素。

1. 国防法

1997 年 3 月，第八届全国人民代表大会第五次会议修订通过了《中华人民共和国国防法》，明确了“国防科技工业实行军民结合、平战结合、军品优先、以民养军”的方针，以及国家“对国防科研生产实行统一领导和计划调控”的职能定位，提出了“承担国防科研生产企事业单位”的概念，为武器装备建设协同发展的推进奠定了法理基石。

2. 中国人民解放军装备采购条例

2002 年 11 月，原总装备部颁布实施了《中国人民解放军装备采购条例》，对我军武器装备采购工作进行了规范、提供了具体指导。

3. 装备采购合同管理规定

《装备采购合同管理规定》明确指出参与武器装备研制生产的企业需要从《装备承制单位名录》中选择，并提出了武器装备采购合同管理要以“依法管理、统一领导、分级实施、竞争择优、注重效益、公平公正”为原则，使武器装备竞争性采购落实到实处。

4. 竞争性装备采购管理规定

为了加强武器装备的竞争性采购管理，提高采购效益，2014 年 7 月原总装备部颁布了《竞争性装备采购管理规定》，明确指出装备采购部门要“积极开展竞争性采购，任何单位和个人不得故意限制和规避竞争，不得妨碍公平竞争”，使竞争性采购常态化，为民口单位公平地参与武器装备建设提供了保障。

5. 武器装备科研生产许可管理条例

2008 年 4 月，国务院和中央军委联合颁布了《武器装备科研生产许可管理条例》，对武器装备科研生产的许可程序进行了规范，对取得武器装备科研生产许可单位的保密管理提出了要求，并明确了从事武器装备科研生产的单位违反本条例规定需要承担的法律责任。

6. 武器装备科研生产许可实施办法

2010 年 5 月，新颁布的《武器装备科研生产许可实施办法》，对民口企业和资源参与武器装备科研生产任务进行了规范，开辟了武器装备建设协同发展的新局面。

7. 武器装备科研生产许可退出管理规则

2013 年 6 月，颁布的《武器装备科研生产许可退出管理规则》，对取得武器装备科研生产许可的单位退出军品市场进行了规范，对于维护武器装备科研生产秩序，保障安全稳定生产具有重要意义。

8. 中国人民解放军装备承制单位资格审查管理规定

2015 年 4 月，原总装备部颁布了《中国人民解放军装备承制单位资格审查管理规定》，为装备承制单位资格审查工作的实施提供了基本依据，并指出“装备承制单位资格经过审查、核准后，编入《装备承制单位名录》”，武器装备采购要从《名录》中选择承制单位。

9. 措施意见

为促进社会优势力量参与武器装备建设，我国先后颁布了多项意见，主要有：2005 年 2 月，国务院颁布的“非公经济 36 条”，放宽了武器装备市场的准入条件，首次从法律上明确了民营企业参与武器装备科研生产的合法性。2007 年 3 月，国防科工委为进一步积极鼓励、支持和引导民间企业和资源参与武器装备建设，连续颁布了《关于大力发展国防科技工业民用产业的指导意见》以及《关于非公有制经济参与国防科技工业建设的指导意见》等两项实施办法。2009 年 9 月，颁布的《关于进一步推进军民一体化装备维修保障建设工作的意见》，明确了民营企业可以进入装备维修保障领域，进一步扩大了武器装备建设发展主体的范围。2010 年 10 月，颁布的《关于建立和完善军民结合、寓军于民武器装备科研生产体系的若干意见》，“鼓励符合条件的社会资本参与军工企业股份制改造”，使武器装备建设的融资形式多样化。2012 年 6 月，国防科工局与原总装备部联合颁布了《关于鼓励和引导民间资本进入国防科技工业领域的实施意见》，进一步明确了民间资本可以进入“武器装备科研生产、国防科技工业投资建设、军工企业改组改制、军民两用技术开发”等国防科技工业领域。2014 年 5 月，原总装备部、国防科工局和国家保密局联合颁布了《关于加快吸纳优势民营企业进入武器装备科研生产和维修领域的措施意见》，提出对承担武器装备科研生产和维修任务的民营企业，按照武器装备的重要性和涉密程度，实施分类审查进入，降低了对承担第二类、第三类军品生产任务的承制单位保密审查的要求，简化了准入过程，进一步推动了武器装备建设发展。为推进武器装备市场准入改革，军委装备发展部决定从 2017 年 10 月 1 日起，将武器装备质量管理体系认证与装备承制单位资格审查两项活动，合并为统一组织实施的装备承制单位资格审查活动（简称“两证合一”）。2021 年 2 月，军委装备发展部启动实施《军选民用装备承制单位注册管理办法（试行）》，规定由军队装备合同监管部门在拟签订采购合同前，对首次参与军方投标的企业进行资格审查，符合要求的颁发军选民用装备承制单位注册证书。

10. 武器装备建设产业的具体范围

武器装备产业是由利益相互联系、具有不同分工的军民各个相关行业所组成的业态总称，主要涉及在结构、技术、工艺等方面具有相通或相近特性的产业领域。产业范围的划定，为武器装备建设发展奠定了产业基础。

3.4 武器装备建设发展关键因素的提取

3.4.1 数据收集

本书采用调查问卷的方式对武器装备建设发展影响因素的重要程度进行评判研究。调查问卷的设计包含两方面的基本内容：一是被调查者的基本信息，二是关于对初拟的武器装备建设发展影响因素重要性的判断，具体见附录一。

本次调查问卷采用7级顺序李克特量表作为评分标准，评分越高代表影响因素的重要程度越高，具体标准如下：1代表很不重要，2代表不重要，3代表较不重要，4代表一般，5代表较重要，6代表重要，7代表很重要。为了增强评分的可信度，本书从从事装备研究、科研生产、采购、维修等工作的5个单位选取50名专家作为调查对象，如图3-1所示。

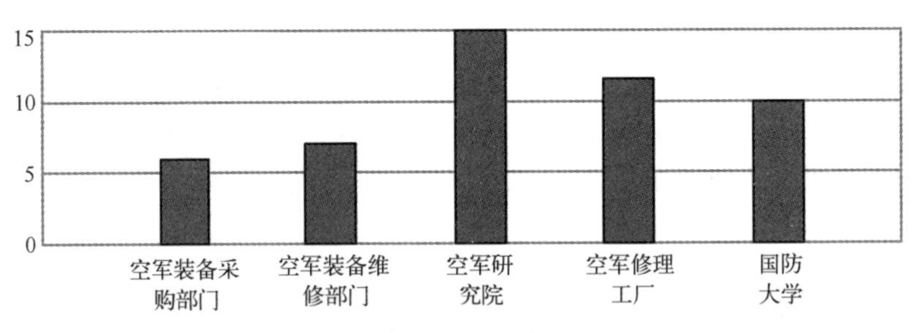

图3-1 被调查对象分布情况

运用调查统计法对收集到的调查问卷进行整理，得到武器装备建设发展影响因素的描述性结果，如表3-1所列。

表3-1 描述性统计分析

序号	影响因素	样本值	最小值	最大值	均值	标准差
1	武器装备建设国家战略环境	50	5.00	7.00	5.84	0.7384
2	基础设施建设环境	50	2.00	6.00	3.96	0.9681
3	国防科技工业技术基础建设环境	50	3.00	7.00	5.14	0.9260
4	人才资源环境	50	3.00	6.00	4.82	0.8003
5	通用技术发展环境	50	3.00	7.00	5.30	0.9530

续表

序号	影响因素	样本值	最小值	最大值	均值	标准差
6	市场经济环境	50	3.00	7.00	5.42	0.8104
7	军工企业改革	50	2.00	7.00	4.88	1.0999
8	国防科技工业产业格局	50	3.00	7.00	4.82	0.8965
9	国防科技工业产业组织模式	50	3.00	7.00	5.38	1.0079
10	国防科技工业产业战略性调整	50	3.00	7.00	4.82	0.8965
11	武器装备建设管理机构	50	3.00	7.00	5.10	0.9742
12	准入机制	50	5.00	7.00	6.10	0.7354
13	退出机制	50	3.00	6.00	4.74	0.8033
14	军民协调机制	50	4.00	6.00	5.38	0.6966
15	需求对接机制	50	4.00	6.00	5.40	0.6701
16	资源共享机制	50	4.00	6.00	5.40	0.6701
17	公平竞争机制	50	4.00	6.00	5.12	0.7990
18	监督机制	50	3.00	6.00	4.82	0.7743
19	激励机制	50	3.00	6.00	4.76	0.7710
20	评价机制	50	3.00	6.00	4.66	0.6884
21	技术转移机制	50	3.00	6.00	4.60	0.7000
22	价格机制	50	4.00	6.00	5.42	0.6417
23	投融资体制	50	3.00	6.00	4.66	0.7453
24	国防法	50	1.00	5.00	3.84	0.9553
25	中国人民解放军装备采购条例	50	3.00	6.00	4.92	0.8533
26	装备采购合同管理规定	50	4.00	6.00	5.04	0.7273
27	竞争性装备采购管理规定	50	4.00	6.00	5.06	0.7117
28	武器装备科研生产许可管理条例	50	4.00	7.00	5.84	0.7656
29	武器装备科研生产许可实施办法	50	4.00	7.00	5.84	0.7656
30	武器装备科研生产许可退出管理规则	50	3.00	6.00	4.76	0.8715
31	装备承制单位资格审查管理规定	50	4.00	7.00	5.86	0.7287
32	措施意见	50	4.00	7.00	6.12	0.8722
33	武器装备建设产业的具体范围	50	2.00	7.00	5.38	1.0669

标准差是对样本数据平均值分散程度的度量。在表 3-1 中，除个别影响因素样本数据的标准差稍大于 1 外，其他影响因素样本数据的标准差都小于 1，说明样本数据较接近于平均值，这充分表明了选取的专家对影响因素重要程度的认识基本趋于一致。

3.4.2 数据分析的结果

本书采用 SPSS 软件对收集到的数据进行因子分析，将样本数据录入后得到的结果如表 3-2 所列。

表 3-2 KMO 样本测度和巴特利球体检验

KMO 样本测度		0.733
巴特利球体检验	Approx. Chi-Square	324.623
	自由度	34
	显著性概率	0.000

表 3-2 给出了 KMO 检验和巴特利球体检验的结果。其中 KMO 的值为 0.733，大于 0.7，说明适合进行因子分析。显著性概率为 0.000，小于 0.05，说明相关矩阵不是一个单位矩阵，因此认为样本数据适合进行因子分析。

解释的总方差如表 3-3 所列。

表 3-3 解释的总方差

成分	初始特征值			提取平方和载入			旋转平方和载入		
	合计	方差/%	累积/%	合计	方差/%	累积/%	合计	方差/%	累积/%
1	11.656	28.428	28.428	11.656	28.428	28.428	11.174	27.254	27.254
2	9.186	22.404	50.832	9.186	22.404	50.832	8.279	20.193	47.448
3	5.355	13.062	63.895	5.355	13.062	63.895	5.343	13.031	60.479
4	3.846	9.380	73.275	3.846	9.380	73.275	4.620	11.268	71.746
5	2.613	6.372	79.647	2.613	6.372	79.647	2.759	6.729	78.475
6	1.683	4.104	83.751	1.683	4.104	83.751	2.163	5.276	83.751
7	1.176	2.869	86.621						
8	0.996	2.429	89.049						

续表

成分	初始特征值			提取平方和载入			旋转平方和载入		
	合计	方差/%	累积/%	合计	方差/%	累积/%	合计	方差/%	累积/%
9	0.822	2.005	91.055						
10	0.566	1.379	92.434						
11	0.485	1.182	93.616						
12	0.449	1.096	94.712						
13	0.346	0.845	95.557						
14	0.320	0.781	96.338						
15	0.210	0.513	96.851						
16	0.188	0.458	97.309						
17	0.169	0.412	97.721						
18	0.159	0.387	98.108						
19	0.138	0.335	98.444						
20	0.104	0.253	98.958						
21	0.082	0.200	99.158						
22	0.067	0.163	99.321						
23	0.038	0.092	99.517						
24	0.033	0.081	99.681						
25	0.027	0.066	99.747						
26	0.024	0.058	99.805						
27	0.020	0.049	99.854						
28	0.014	0.034	99.888						
29	0.012	0.029	99.918						
30	0.011	0.027	99.945						
31	0.008	0.020	99.965						
32	0.006	0.014	99.979						
33	0.002	0.004	100.000						
34	5×10−17	1×10−17	100.000						

由表3-3可知，通过因子分析法得到的6个因子的累计方差贡献率为83.751%，大于80%，满足因子分析的要求。旋转成分矩阵见表3-4。

表 3-4 旋转成分矩阵

影响因素	因子					
	1	2	3	4	5	6
武器装备建设战略环境	0.878	0.084	0.118	−0.076	0.106	0.204
国防法	0.178	0.758	0.209	−0.018	−0.340	−0.048
中国人民解放军装备采购条例	0.041	0.770	0.294	−0.003	0.007	0.160
装备采购合同管理规定	−0.036	0.920	−0.023	0.046	0.021	−0.064
竞争性装备采购管理规定	−0.072	0.916	−0.045	0.076	0.035	−0.056
武器装备科研生产许可管理条例	−0.179	0.914	0.107	−0.001	−0.067	0.123
武器装备科研生产许可实施办法	−0.179	0.914	0.107	−0.001	−0.067	0.123
武器装备科研生产许可退出管理规则	0.139	0.804	0.065	0.158	−0.044	0.059
装备承制单位资格审查管理规定	−0.008	0.870	−0.006	0.076	−0.097	−0.021
措施意见	0.065	0.854	0.109	0.056	−0.108	−0.172
武器装备建设管理机构	0.085	0.269	0.908	0.106	0.046	0.148
准入机制	0.102	−0.033	0.285	0.664	0.202	0.020
退出机制	−0.059	0.005	0.106	0.822	0.169	−0.006
军民协调机制	−0.074	−0.020	0.064	0.935	0.069	0.064
需求对接机制	−0.133	0.025	−0.005	0.942	0.042	0.073
资源共享机制	−0.133	0.025	−0.005	0.942	0.042	0.073
公平竞争机制	−0.161	0.048	−0.194	0.880	−0.017	−0.043
监督机制	0.053	0.015	−0.033	0.895	−0.015	−0.025
激励机制	0.123	0.000	0.011	0.911	0.024	−0.019
评价机制	0.191	0.037	0.003	0.913	0.051	−0.067
技术转移机制	0.107	0.151	−0.015	0.891	0.076	−0.031
价格机制	−0.064	0.102	0.056	0.902	0.139	−0.097
投融资体制	0.062	0.046	0.093	0.896	−0.026	0.038
基础设施建设环境	−0.058	−0.073	−0.037	0.170	0.874	0.003
国防科技工业技术基础建设环境	0.127	−0.238	0.159	0.096	0.849	−0.047
通用技术发展环境	0.057	−0.070	−0.016	0.159	0.908	0.130
人才资源环境	0.027	−0.139	−0.164	0.076	0.897	0.178
市场经济环境	0.089	−0.100	0.137	0.073	0.912	−0.007

续表

影响因素	因子					
	1	2	3	4	5	6
军工企业改革	0.143	0.013	0.189	-0.147	0.003	0.859
国防科技工业产业格局	0.009	-0.004	-0.025	0.034	-0.010	0.963
国防科技工业产业组织模式	0.048	-0.002	0.052	0.121	0.132	0.938
国防科技工业产业战略性调整	0.009	-0.004	-0.025	0.034	-0.010	0.963
武器装备建设产业的具体范围	0.161	0.008	0.160	0.023	0.147	0.918

从表3-4中可以看出，因子1对武器装备建设战略环境等1个因素的影响较大，武器装备建设战略环境为武器装备建设发展提供了宏观运行环境，因而命名为武器装备建设战略规划因素；因子2对国防法、中国人民解放军装备采购条例、装备采购合同管理规定、竞争性装备采购管理规定、武器装备科研生产许可管理条例、武器装备科研生产许可实施办法、武器装备科研生产许可退出管理规则、中国人民解放军装备承制单位资格审查管理规定、措施意见等9个因素的影响较大，这些因素主要从政策法规层面对武器装备建设发展提供规范与指导，命名为武器装备建设政策法规因素；因子3对武器装备建设管理机构的影响较大，该因素主要反映的是武器装备建设管理机构的建设情况，命名为武器装备建设管理体制因素；因子4对准入机制、退出机制、军民协调机制、需求对接机制、资源共享机制、公平竞争机制、监督机制、激励机制、评价机制、技术转移机制、价格机制、投融资体制等12个因素的影响较大，这些因素主要反映的是武器装备建设运行机制的建设情况，命名为武器装备建设运行机制因素；因子5对基础设施建设环境、国防科技工业技术基础建设环境、通用技术发展环境、人才资源环境、市场经济环境等5个因素的影响较大，这些因素主要反映的是武器装备建设发展的人力、物力、财力等资源建设的情况，命名为武器装备建设资源因素；因子6对军工企业改革、国防科技工业产业格局、国防科技工业产业组织模式、国防科技工业产业战略性调整、武器装备建设产业的具体范围等5个因素的影响较大，这些因素主要反映的是武器装备建设产业结构的情况，命名为武器装备建设产业结构因素。关键因子与高载荷指标的对应关系如表3-5所列。

表 3-5　关键因子与高载荷指标的对应关系

因　　子	高载荷指标	命　　名
因子 1	武器装备建设战略环境	武器装备建设战略规划因素
因子 2	国防法	武器装备建设政策法规因素
	中国人民解放军装备采购条例	
	装备采购合同管理规定	
	竞争性装备采购管理规定	
	武器装备科研生产许可管理条例	
	武器装备科研生产许可实施办法	
	武器装备科研生产许可退出管理规则	
	中国人民解放军装备承制单位资格审查管理规定	
	措施意见	
因子 3	武器装备建设管理机构	武器装备建设管理体制因素
因子 4	准入机制	武器装备建设运行机制因素
	退出机制	
	军民协调机制	
	需求对接机制	
	资源共享机制	
	公平竞争机制	
	监督机制	
	激励机制	
	评价机制	
	技术转移机制	
	价格机制	
	投融资体制	
因子 5	基础设施建设环境	武器装备建设资源因素
	国防科技工业技术基础建设环境	
	通用技术发展环境	
	人才资源环境	
	市场经济环境	

续表

因 子	高载荷指标	命 名
因子6	军工企业改革	武器装备建设产业结构因素
	国防科技工业产业格局	
	国防科技工业产业组织模式	
	国防科技工业产业战略性调整	
	武器装备建设产业的具体范围	

3.5 武器装备建设发展的关键因素解析

根据前文的介绍，通过因子分法析可以把影响武器装备建设发展的因素归并为武器装备建设战略规划因素（以下简称战略规划因素）、武器装备建设政策法规因素（以下简称政策法规因素）、武器装备建设管理体制因素（以下简称管理体制因素）、武器装备建设运行机制因素（以下简称运行机制因素）、武器装备建设资源因素（以下简称资源因素）以及武器装备建设产业结构因素（以下简称产业结构因素）等六大类，如图 3-2 所示，对这六大类影响因素的内涵分析如下。

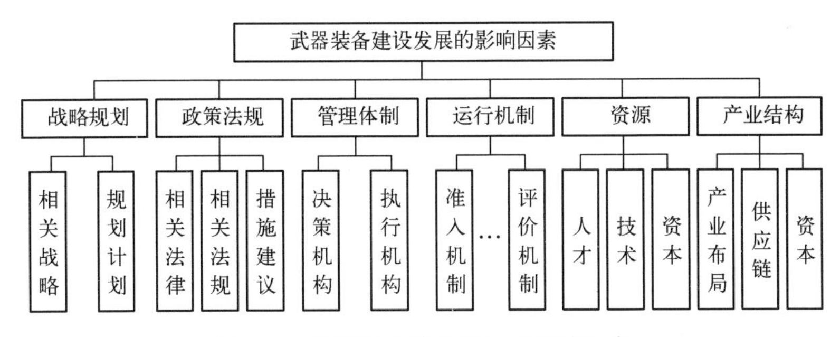

图 3-2 武器装备建设发展的影响因素

1. 战略规划因素

“战略”有两种含义：一是军事战略的简称；二是泛指关于全局性、高层次、长远的重大问题的方针和策略。武器装备建设战略规划是指为把武器装备建设根植于社会经济发展之中，在一定时期内，国家和军队关于武器装备建设发展的总体规划，具体包括武器装备建设发展的指导思想、战略目标、方向、重点、方针政策等。武器装备建设战略规划是战争形态信息化、技术形态军民通用化、经济形态高度市场化等时代条件紧密结合的产物，它从武器装备建设和经济建设的全局出发，对军地资源进行优化配置，使武器装备建设与经济建设能够协调发展。

通过因子分析法提取的战略规划因素，主要是关于一定时期内，国家和军队制定的有关武器装备建设发展的相关战略、规划、计划等。这类因素对于武器装备建设发展的相关活动具有重要的指导作用，通常在时间维度上具有较长时期的稳定性与连续性，在空间维度上具有总体性与综合性，包括长期发展战略、中长期规划以及短期的计划等。

2. 政策法规因素

武器装备建设政策法规是指国家权力机关、授权的国家行政机关和军事领导机关按照法定的程序制定或认可的，调整涉及武器装备建设活动中各种社会关系的法律规范的统称。科学完备的政策法规体系既是推动武器装备建设发展的重要基础，也是实现武器装备建设国家主导的重要手段。它不仅能为武器装备建设发展提供法律保障，发挥积极的引导和激励作用，也能对武器装备市场各主体的经济行为进行规范，增强武器装备市场经济活动的有序性。

通过因子分析法提取的政策法规因素，主要是关于武器装备建设发展的法律、法规、措施意见等的建设情况。这类因素对武器装备建设相关活动提供规范和指导作用。近年来，一系列有关武器装备建设发展的法律、法规和措施建议相继落地，对武器装备的竞争性采购、承制单位资格审查、知识产权保护、非公经济参与范围及参与形式等诸多问题进行了明确。随着武器装备建设协同发展的深入推进，武器装备建设政策法规体系必将更加健全与完善。

3. 管理体制因素

武器装备建设管理体制是指为实现国家统筹武器装备建设与经济建设协调发展、实现军地资源优化配置的目标，而构建的组织领导系统和各种配套制度的总和。它主要包括武器装备建设管理机构的设置、职责和权限划分，以及组织管理法规和制度体系等，通常由决策、规划计划和组织实施 3 个基本层次的管理机构组成。其基本功能是充分利用军地的人力、物力、财力资源和国家赋予的权力，提高武器装备的建设水平。

通过因子分析法提取的管理体制因素，既包括武器装备建设管理机构的设置、职责划分，又包括管理机构之间的组织协调性。这类因素是保障各项措施得以落实的组织基础。我国武器装备建设发展处于探索实践阶段，武器装备建设管理体制也在不断地发展与完善。目前，国家和军队分别成立了职能分工不同的武器装备建设管理机构，武器装备建设管理体制初步形成，对推动武器装备建设深度协同发展起到了极大的促进作用。

4. 运行机制因素

武器装备建设运行机制是指影响武器装备建设发展的相关因素的结构、功能及其相互关系，以及这些影响因素产生影响、发挥功能的原理、过程及运行方式，是武器装备建设各项活动的基本准则。

通过因子分析法提取的运行机制因素，既包括武器装备建设发展相关机制的建立情况，也包括相关机制的程序设置情况。这类因素能够为武器装备建设的各种经济活动提供具体行为指导。武器装备建设发展涉及的主体多、内容杂、范围广，必须要建立一套灵活高效的运行机制，对其进行引导和制约，才能保证武器装备建设各项活动的协调、有序与高效运行。

5. 资源因素

武器装备建设资源是指武器装备建设发展过程中所涉及的人力、物力、财力等各种物质要素的总称，主要包括军用资源以及可用于武器装备建设的民用资源两部分。军用资源是保障武器装备科研、生产与维修保障等各项任务顺利实施的根本所在，优势民用资源能够在技术、资金以及人才等方面对军用资源起到补充与支持的作用。

通过因子分析法提取的资源因素，是关于武器装备建设发展的人才、技术、资金、产品、设施、设备、信息等各种物质要素的发展情况以及共享程度。这些因素为武器装备建设发展提供了物质基础。资源因素的建设情况对武器装备建设具有重要影响作用。一般来说，可用于武器装备建设的优势资源越多、共享程度越高，越有利于提高武器装备的建设水平。

6. 产业结构因素

武器装备建设产业结构是指武器装备建设产业的构成范围及其比例关系，它明确了武器装备建设发展的产业范围与重点建设方向。

通过因子分析法提取的产业结构因素，是关于武器装备建设产业范围、构成比例的设置情况。它规定了武器装备建设发展的具体行业领域。合理的武器装备建设产业结构，在产业范围上能够覆盖武器装备建设领域所有行业，在布局上能够相对集中以加强企业间的沟通交流，在组织结构上要能够呈现“小核心、大外围”的特征。

从上述释义可以看出，从战略规划因素到政策法规因素，从管理体制因素到运行机制因素，从资源因素到产业结构因素，涵盖了武器装备建设宏观、中观、微观等方方面面的内容。因此，围绕本书所提取的六大类关键因素对武器装备建设发展模式与路径展开研究，能够取得较好预期效果。

第4章 武器装备建设发展有序熵评价指标及模型

一般说来，战略规划越科学、政策法规越完善、管理体制越灵活、运行机制越高效、可用资源越充足、产业结构越合理，越有利于武器装备现代化建设。根据武器装备类型可以将我国武器装备建设领域划分为电子信息、船舶、兵器、航天、航空、核等行业领域。在武器装备建设的发展过程中，不同的行业领域在战略规划、政策法规、管理体制、运行机制、资源、产业结构等方面的建设不尽相同，武器装备现代化建设的推进程度也不相同。

熵被用来对封闭系统的无序程度进行度量，熵值越大表明系统越无序，熵值越小表明系统越有序。武器装备市场是一个相对封闭运行的系统，可以引入熵理论对不同武器装备建设行业领域的有序程度进行度量。一方面，对于准确把握不同武器装备建设领域发展状态，分类制定发展规划，推动武器装备建设科学发展具有重要的实践意义；另一方面，也为后续研究奠定了基础。

4.1 武器装备建设的熵增过程

4.1.1 武器装备建设的熵增原理

奥地利物理学家薛定谔曾指出所有生物必须从外界环境吸取能量、获得负熵才能得以生存。生命体只有将高熵特质排出体外，保持低熵状态，才能维持生存。武器装备市场同生物一样，要保持良好的发展状态，也必须与外部环境紧密联系。从我国武器装备建设的发展历程来看，经历了由初创期到发展期，由改革期到加速期的发展过程。在这一过程中，武器装备市场在技术、信息、人才、能源、矿产等诸多方面与经济市场发生着紧密的物质、能量与信息交换，是一个典型的开放系统。

克劳修斯的熵增原理指出孤立系统的熵一定会随时间的延长而增加，最终将演化为最无序、最混乱的状态，这个过程是不可逆的，且与初始状态无关。系统要维持低熵状态，必须要消耗能量。

从武器装备建设发展的历程看，在初创期，为了改变落后的经济面貌，快速提升国家安全防御能力，我国借鉴苏联模式，优先发展重工业，在较短时间内，建立了相对完整的民用工业和军用工业基础体系。由于两套工业基础体系相互独立、自成体系，在发展过程中造成了资源浪费，使武器装备建设朝着僵化运行的方向发展，为解决这一突出矛盾，毛泽东同志提出“军民两用”思想，形成新的耗散结构。但是由于国际局势变化、战争因素增加，军民两用原则在20世纪60年代后期未能得到继续贯彻，这表明此时武器装备建设与经济建设协同发展的自适应能力较差，对战略环境变化的抗干扰能力不强。

在探索期，和平发展成为时代主题，战争的紧迫感减弱。为了迅速恢复国民经济发展，以邓小平同志为核心的第二代领导集体提出了“军民结合”的指导方针，指出国防和军队建设服从服务于经济建设，军工企业开始了艰难的军转民历程。这一时期，武器装备市场对经济市场输出了大量的先进技术和优质产品，但从外界吸收的有效能量很少，不足以抵消自身发展产生的正熵，武器装备建设处于较为平缓的发展状态。

进入发展期，国际关系发生深刻变化，国际竞争的主战场转到经济领域，经济发展和科技进步成为综合国力提升的重要标志。世界新军事变革方兴未艾，海湾战争和科索沃战争标志着信息化战争形态的到来。针对国际形势的变化，以江泽民同志为核心的第三代领导集体指出军队发展要依托国家和社会发展，依托市场。武器装备市场与经济市场的物质、能量和信息交流较之前有所增加。党的十六届四中全会以后，为了实现国防建设与经济建设的协同发展，以胡锦涛同志为核心的第四代领导集体，进一步开放武器装备市场。武器装备市场开放程度进一步提高，可用于武器装备建设的有效资源增加，但由于战略规划因素、政策法规因素、体制机制因素、产业结构因素的相对滞后发展，武器装备建设发展的有序熵值依然较大。

到了加速期，以习近平同志为核心的党中央领导集体，为了满足武器装备市场与经济市场之间的物质、能量与信息交换的需求，提高军地资源整合效率，国家在加强军地资源建设的同时，对武器装备建设的战略规划因素、政策法规因素、体制机制因素、产业结构因素进行重大变革，这一时期，发生着更为急剧的熵变。

4.1.2 武器装备建设发展有序熵增的来源

武器装备建设发展的熵变过程是一个系统正熵不断增加，环境负熵不断流入，致使有序熵总值在增加、消减中不断发展的过程。从前文的分析可知，影响武器装备建设发展的关键因素有战略规划因素、政策法规因素、管理体制因素、运行机制因素、资源因素、产业结构因素等六大类因素。在武器装备建设发展过程中，战略规划滞后、政策法规缺失、管理体制僵化、运行机制不健全、资源发展水平低、产业结构不合理都是导致正熵产生的原因。武器装备建设发展有序熵增加如图 4-1 所示。

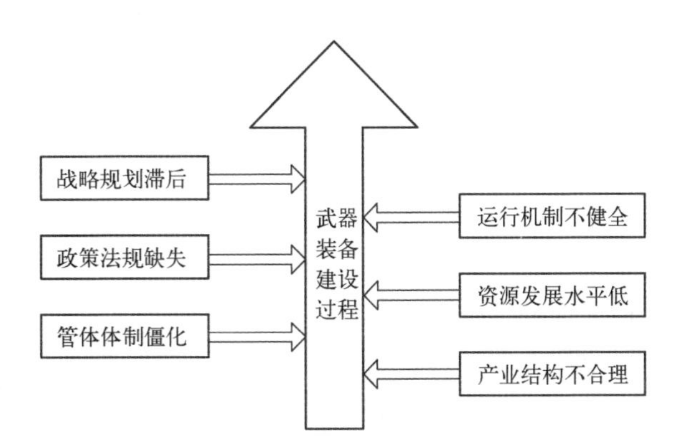

图 4-1　武器装备建设发展有序熵增加过程

由图 4-1 可知，武器装备建设发展有序熵增加的来源主要有 6 个方面。

1. 战略规划因素引起的熵增

统筹利用全社会资源，推进武器装备建设跨越式发展是建设强大国防和强大经济社会的必然选择，从发展历程来看，每一次国防工业指导方针的调整，都可能对武器装备建设政策法规、管理体制、运行机制、资源发展、产业结构等因素造成极大冲击。虽然在短期内这些变革可能会对原有的秩序造成冲击，使武器装备建设发展有序熵值增加，但是从长远角度出发，这些变革所带来的影响是积极有益的。

另一方面，由于我国特殊的国情，导致武器装备建设发展起步晚，在实践中探索前进，难免会出现战略规划滞后于武器装备建设发展现实需求的情况，从而导致武器装备市场的开放程度较低，与外界环境进行物质、能量与信息交流的途径和手段有限，这也是导致武器装备建设发展有序熵增加的原因之一。

2. 政策法规因素引起的熵增

武器装备建设政策法规是紧密联系武器装备建设工作实际制定的具有科学性、规范性的法律规范，通常具有相对的连续性与稳定性，但这并不意味着政策法规要墨守成规、一成不变。社会、经济和科技的进步，国防和军队建设的发展，国家战略的调整，都会引起武器装备建设工作的变革。政策法规作为基本行为规范，也必然要打破原有秩序，根据武器装备建设的新情况进行变革，从而引起有序熵值的增加。

3. 管理体制因素引起的熵增

无论多合理的管理体制，都具有一定的时限性，随着社会的发展、环境的变化，都会导致其合理性与科学性的减弱，最后甚至演化成为制约发展的因素。完善的管理体制是实现全面建成世界一流军队目标的重要保证，因此，管理体制的调整与变革必须与武器装备建设发展的具体目标相一致。实现武器装备现代化的战略目标，对武器装备建设发展提出了新的要求，这就需要改变原有的管理体制，以适应新的战略需求。

4. 运行机制因素引起的熵增

长期以来，我国武器装备的科研、生产与维修保障任务主要由军工企业与军队维修保障部门承担，对民口单位实行严格的准入管理。随着民用先进技术的快速发展，以及装备采购制度改革的不断推进，民口企业不断涌入武器装备建设领域，对原有的武器装备市场运行机制提出了挑战，国家和军队积极调整装备市场准入制度，消除准入壁垒。民口单位的积极参与，使武器装备市场相关机制缺失的问题也逐步显现，例如协调机制、对接机制、共享机制等的不健全，都成为制约武器装备建设实现跨越式发展的因素。原有运行机制的低效运行状态，对新机制建立的需求，都成为引起武器装备建设发展有序熵增加的原因。

5. 资源因素引起的熵增

充分利用优势社会资源，提高武器装备建设水平是实现武器装备现代化发展的重要途径。武器装备建设具有科技含量高、投入资金大、建设周期长等特点，对资源的发展水平要求比较高。丰富的人才资源、先进的科技资源、充足的资金资源等，能够为武器装备市场注入新鲜血液、带来活力，提高国防科技攻坚克难的能力，缩短武器装备研发周期。但资源的优势不是永恒的，其效用会随时间递减。不能与时俱进、不断突破的社会资源，会逐渐滞后、失去活力，甚至会影响武器装备的建设进度与水平。

6. 产业结构因素引起的熵增

国防科技产业是进行军地资源整合的重要着力点，是围绕军民品生产、流通、分配、消费形成的经济业态。产业结构的调整，对于军地资源的整合效率具有直接影响。在我国武器装备建设发展过程中，存在产业布局分散不利于企业信息交流、相关产业之间的专业化协作水平低造成资源重复浪费使用、产业进出壁垒高使民企进入受阻、军民产业之间技术互动乏力对先进民用技术的利用率不高、产业组织模式不合理导致产业集中度和关联度偏低等问题，这些都是使有序熵增加的原因。

4.2 武器装备建设的熵减原理

根据耗散结构理论，武器装备市场是一个开放的系统，且满足“耗散结构”的形成条件。随着武器装备建设的不断发展，市场内部在呈现熵增的同时，也通过与外部环境的物质、能量和信息交流，使得发展过程中自发产生的正熵得以冲减，避免由于有序熵的过度扩大而导致武器装备建设发展停步不前，维持或提高武器装备建设的有序程度。武器装备建设发展有序熵增加和负熵流入的冲抵过程如图 4-2 所示。

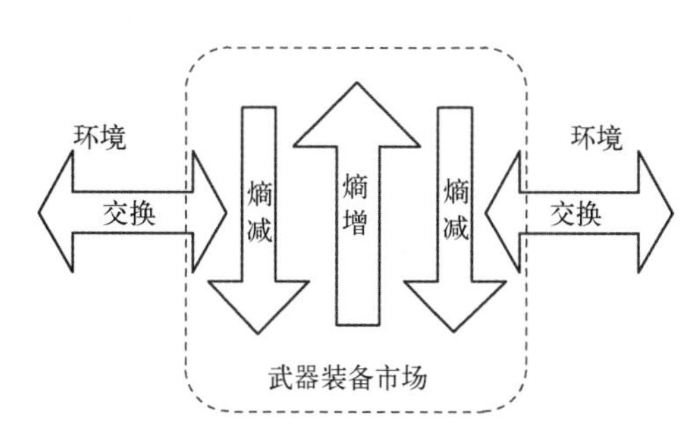

图 4-2 武器装备建设发展有序熵增加和负熵流入的冲抵过程示意图

4.2.1 武器装备建设负熵流入原理

从世界发达国家武器装备建设的发展历程看，之所以能拥有先进的武器装备和强大国防，是由于经历了持续的国防采办调整，积极引入先进生产力，不断摒弃束缚武器装备建设发展的制约因素，形成从无序向有序转化的熵减过程。这一过程，是靠战略规划调整、政策法规完善、体制机制变革、资源发展进步、产业结构变化催生的非自发过程，是靠与外界进行物质、能量和信息交流提供负熵的过程。在武器装备现代化建设进程中，要充分借鉴外部科学的管理方式、灵活的组织模式、先进的生产经验，获得负熵流，冲抵发展过程中产生的正熵。当负熵流充足时，就会使武器装备建设发展形成高层次的耗散结构，提高发展的有序程度。

从我国武器装备建设发展的历程看，经历了层层推进的发展阶段，发展过程曲折、发展速度缓慢。但武器装备建设发展之所以能够在正熵不断增加的过程中得以发展，很重要的原因是我们党对武器装备建设与经济建设协调发展规律的认识、对社会关系的协调能力在不断增强，科技发展水平在不断提高，以及武器装备建设与经济建设之间的矛盾而引发变革使有序熵增得以消减。也就是说，在武器装备现代化建设进程中，由于各种强制性“熵减过程”的输入，冲减了发展过程中产生的正熵，才使武器装备建设在曲折发展中不断前进，即熵减确保了武器装备建设发展不会停步不前。

4.2.2 武器装备建设负熵来源分析

在武器装备建设发展历程中，不同时期不同阶段产生负熵的主体不同、特点不同。总体来说，引起武器装备建设发展有序熵减少的主要来源有以下几方面。

1. 物质输入

物质输入主要是指资金、产品、人才、设备、设施、能源、材料等有形物质的输入。物质是武器装备建设的基础，也是维持系统耗散的需要。丰富的物质输入能够支持和加速武器装备建设深度发展的进程，由于物质资源具有有限性的特点，而武器装备建设对物质需求又具有相对无限性，致使武器装备建设在发展过程中容易受到资源瓶颈的制约。例如，由于经费总额限制，一些项目能够立项实施，而另一些项目则可能要暂时搁置。物质输入是武器装备建设负熵的重要来源，能够有效降低由物质资源短缺所引起的矛盾程度，使无序向有序转化。

2. 能量输入

能量输入是指科学技术、管理制度、武器装备建设文化等无形“物质”的输入，在武器装备建设进程中，其发挥的作用类似于物质。例如核心关键技术的引入，能够缩短武器装备的建设周期；武器装备建设管理制度的更替和进步，能够更好地协调发展过程中的各种关系；武器装备建设文化的丰富与发展，有助于进一步深化认识武器装备发展的规律，充分整合一切可利用资源，提高武器装备建设水平，等等。能量的输入能够促使国家对武器装备建设既有的熵增发展轨迹进行适当调整，达到减少有序熵的目的。

3. 信息交流

信息交流贯穿于武器装备建设的整个过程，例如，对国外武器装备建设发展先进经验的借鉴与学习，能够使我们有的放矢地进行制度变革，改变武器装备建设原有的发展方式，建立更为有序的发展路径。资源整合过程中的军地信息交流，能够帮助军方及时掌握民用先进技术与产品，帮助民口单位及时了解军方需求；完善的军地信息交流网络，能够加强军地双方的交流互通，是促进武器装备建设耗散结构形成的硬件基础，可以避免其朝着僵化、滞后的方向发展。

4. 制度变革

在系统科学理论中，平衡、均等的状态是引发系统结构消退、功能衰减的原因。一成不变的制度安排会促使武器装备建设向无序发展，而与外界环境交换引发的“涨落”，是使武器装备建设形成耗散结构，向更高程度有序状态跃进的重要前提与基础。制度变革是主动引入“涨落”因素的行为，通过改革传统的武器装备发展模式和管理制度，打破武器装备市场原有的平衡，诱发形成新的利益和秩序格局，使武器装备建设充满生机与活力；同时，还能有效调节武器装备建设的状态，抑制内部熵增的产生。

4.3 武器装备建设发展有序熵模型构建

4.3.1 有序熵概念模型的构建

根据第3章提取的影响武器装备建设发展的关键因素，本书从战略规划熵、政策法规熵、管理体制熵、运行机制熵、资源熵、产业结构熵等6个维度构建武器装备建设发展有序熵评价模型。

1. 战略规划熵维度

战略规划因素包括武器装备建设发展战略、规划、计划的相关内容。武器装备建设发展涉及的领域广、主体多、相互之间的关系复杂，需要有科学、合理的战略规划做指导。战略规划熵维度衡量的是发展战略对武器装备建设与经济建设协调、可持续发展的影响力，发展规划对武器装备建设与经济建设融合发展的统筹规划能力，以及计划举措对现实存在矛盾、问题的解决能力。

2. 政策法规熵维度

政策法规因素包括武器装备建设发展的法律、法规、措施意见等的具体发展情况。政策法规的规范与保障作用不是永恒的，要保证其科学性与先进性，就必须与时俱进，坚持立、改、废相结合。政策法规熵维度从政策法规的组织构架、权威性、适应性等方面，对武器装备建设发展的有序程度进行衡量。

3. 管理体制熵维度

管理体制因素是武器装备建设管理秩序最直接的反映。由于管理体制的作用效能会随着时间推移逐渐减弱，在发展过程中要适时调整、创新，才能保证其合理性与科学性不会丧失，以不引起有序熵的增加。管理体制熵维度从机构设置、职责和权限划分等方面，对武器装备建设发展的有序程度进行衡量。

4. 运行机制熵维度

运行机制因素直接决定了武器装备建设相关活动的有序程度。运行机制的作用效能同样会随着时间的推移逐渐减弱，需要不断地进行创新与发展，通过变革旧制度、建立新制度，引入负熵抵消发展过程中自发产生的熵增，使武器装备建设朝着有序的方向运行。运行机制熵维度衡量的是机制的健全性、流程的合理性等内容。

5. 资源熵维度

资源是武器装备建设发展的物质基础，现代武器装备是在先进技术、材料、工艺等的共同作用下制造出来的，是集合了军地优势资源而产生的。因此，加强资源建设，尤其是科学技术、先进人才等长期性资源建设，以保证资源优势，对于提高武器装备建设与经济建设水平具有重要意义。资源熵维度衡量的是进入武器装备市场资源的建设水平，以及对优势资源的整合利用情况等内容。

6. 产业结构熵维度

产业结构因素主要是指国防科技产业的范围、构成比例的设置情况。在发展过程中，随着武器装备市场的不断开放，以及武器装备建设的需求变化，产业结构也要不断地加以调整，以冲减由产业结构束缚而引起的熵增。产业结构熵维度衡量的是武器装备建设产业对民口单位的开放程度、“军”“民”的构成比例等内容。

武器装备建设在自发熵增与负熵流入的冲抵过程中向前发展。由战略规划熵、政策法规熵、管理体制熵、运行机制熵、资源熵、产业结构熵等6个维度构建的武器装备建设发展有序熵模型如图4-3所示。

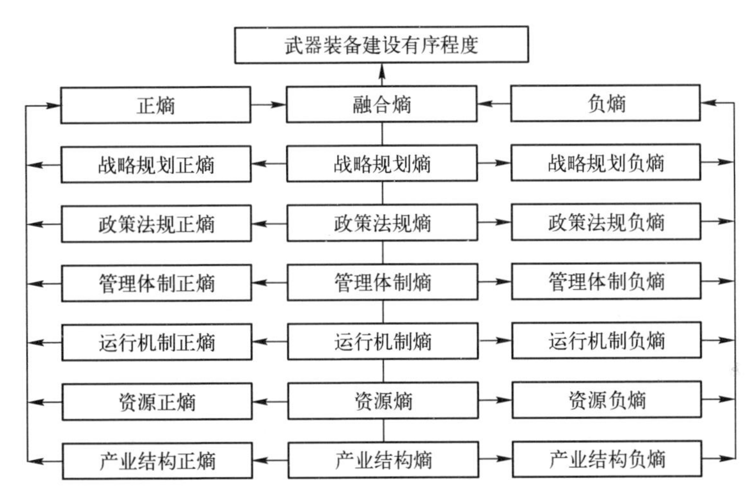

图4-3　武器装备建设发展有序熵模型

4.3.2 有序熵数学模型的构建

1. 数学模型

根据对熵理论的研究，本书定义武器装备建设发展有序熵 S 的计算公式如下：

$$S = \sum k_i S_i \tag{4-1}$$

式中：i 为指标体系中各指标项的序号；k_i 为各指标的权重；S_i 为指标 i 所产生的熵值，可表示如下：

$$S_i = -K_\beta \frac{X_j}{\overline{X_j}} \ln \frac{X_j}{\overline{X_j}} \tag{4-2}$$

式中：K_β 为有序熵系数，表示在某特定武器装备建设领域，每增加单位收益所需追加的成本值，即行业的比值 $\Delta C/\Delta E$；j 为指标 i 下的各个子指标；X_j 为当前武器装备建设发展情况下指标 j 的实际值；$\overline{X_j}$ 为指标 j 的标准值，即武器装备建设发展到理想状态时指标 j 的取值，通过专家打分法取平均值的方法获取 X_j 与 $\overline{X_j}$ 的值。

2. 武器装备建设发展有序熵的计算

根据熵理论和耗散结构理论，武器装备市场通过与外界进行物质、能量、信息交流不断引入负熵流以冲减发展过程中产生的正熵，从而使武器装备建设发展有序熵发生变化。有序熵的计算分为以下几个步骤。

1）构建武器装备建设发展有序熵评价指标体系

根据武器装备建设发展影响因素以及构建的有序熵模型，建立评价指标体系，见 4.4 节。

2）构造指标水平矩阵 $\boldsymbol{A}$

$$\boldsymbol{A} = (S_1, \cdots, S_i) \tag{4-3}$$

式中：S_i 为指标 i 所产生的熵值。

3）构造各指标的相互作用力矩阵 $\boldsymbol{B}_{ij}$

由于不同的武器装备建设领域在产业基础、采购规模、军民通用性等方面存在很大的差别，导致不同领域评价子指标之间存在的相互影响不同。例如，战略规划因素包括长期战略、中长期规划、短期计划措施等三方面内容，长期战略是通过完成多个中长期规划实现的，而中长期规划又是通过完成多个短期计划措施实现的，这三者之间存在着很强的递进性与相关性；而运行机制因素中的准入机制与沟通协调机制之间的相互作用、相互影响程度则较弱。

因此，在进行有序熵值计算时，为了消除二级指标之间的相互影响，需要考虑其相互之间的作用力。本书构建了相互作用力矩阵 $\boldsymbol{N}_{ij}$，用以表示指标体系中二级指标之间的相互作用力，并通过交互预测法来确定 $\boldsymbol{N}_{ij}$ 矩阵。具体过程如下：

（1）判断二级指标两两之间的相互影响方向，并进行量化，记作 K_{ij}，表示指标 j 对指标 i 的影响方向。

$$K_{ij}=\begin{cases}1, & \text{正影响}\\0, & \text{无影响}\\-1, & \text{负影响}\end{cases}\quad(i\neq j;i,j=1,2,\cdots,n)\tag{4-4}$$

（2）将影响力的大小进行量化，记作 E_{ij}，表示指标 j 对指标 i 影响力的大小，E 的取值范围为［1，2］，具体情况如表 4-1 所列。

表 4-1　E 的取值情况

E 值	1	1.2	1.4	1.6	1.8	2
影响力	无影响	微弱影响	弱影响	较强影响	强影响	极强影响

采用专家意见法，对指标之间影响力的大小进行评价，S 取值为专家评价结果的平均值。

（3）相互作用力 $\boldsymbol{N}_{ij}$ 的计算公式为

$$\boldsymbol{N}_{ij}=K_{ij}\times E_{ij}=\begin{bmatrix}n_{11} & \cdots & n_{1j}\\ \vdots & \vdots & \vdots\\ n_{i1} & \cdots & n_{1j}\end{bmatrix},\quad(i,j=1,2,\cdots n)\tag{4-5}$$

4）构造各指标的权重矩阵 $\boldsymbol{C}_i$

$$\boldsymbol{C}=\begin{bmatrix}c_1\\ \vdots\\ c_n\end{bmatrix},\quad \text{且 } c_1+c_2+\cdots+c_n=1$$

5）有序熵的计算公式

$$S=\boldsymbol{A}\times\boldsymbol{N}_{ij}\times\boldsymbol{C}_i=(S_1,\cdots,S_i)\times\begin{bmatrix}n_{11} & \cdots & n_{1j}\\ \vdots & \vdots & \vdots\\ n_{i1} & \cdots & n_{1j}\end{bmatrix}\times\begin{bmatrix}c_1\\ \vdots\\ c_i\end{bmatrix}\tag{4-6}$$

4.3.3 有序熵值的内涵

有序熵作为衡量武器装备建设有序程度的重要指标，其熵值变化与市场活力、运行效率等诸多因素紧密联系在一起。

（1）当 $S>0$ 时，说明武器装备市场与外部交换产生的负熵流不足以抵消发展过程中自发产生的熵增，武器装备建设发展表现为缺乏活力，呈现出一定的低效率状态。

（2）当 $S=0$ 时，说明正熵和负熵相对持平，武器装备建设发展达到有序结构上的最佳状态，市场充满活力。但由于缺乏更多负熵流的流入，武器装备建设进化强度不足以使其向更高级的耗散结构转化。

（3）当 $S<0$ 时，说明发展过程中自发产生的正熵小于引入的负熵，总熵为负，武器装备建设发展相对有序，在耗散作用与涨落作用下，武器装备建设将出现自组织，向更高级的有序结构演化。

4.4 武器装备建设发展有序熵评价指标体系的构建

体系是由若干事物按照一定的秩序和联系组合而成的整体。指标体系就是由若干指标按照一定的秩序相互关联而构成的整体。武器装备建设发展有序熵评价指标体系是武器装备建设有序程度预期达到的指数、标准及其间相互联系的整体。武器装备建设发展有序熵指标是衡量武器装备建设有序程度的尺度，是武器装备建设发展宏观统筹、中微观执行效益的具体测度。其基本功能，一是反映武器装备建设发展的现状，二是比较和评估武器装备建设发展相关目标的实现程度。

根据武器装备建设发展有序熵概念模型，运用 AHP 方法构建评价指标体系。战略规划熵、政策法规熵、管理体制熵、运行机制熵、资源熵、产业结构熵每一维度作为一个层次。最高层表示所要解决的问题；中间层表示解决问题所涉及的中间环节；最低层表示解决问题的具体措施或政策。在 AHP 层次分析法中，存在完全层次关系和子层次关系两种关系，完全层次关系是指上一层次的某一因素与下一层次的所有因素均有联系，子层次关系是上一层次的某一因素与下一层次的某些因素有联系。本书运用完全层次关系构建武器装备建设发展有序熵评价指标体系，具体如图 4-4 所示。

4.4.1 指标细化原则

武器装备建设发展有序熵评价原则，是开展武器装备建设有序程度评价的重要规范，是做好武器装备建设发展各项工作的基本前提。建立武器装备建设发展有序熵评价体系，要注意把握以下基本原则。

1. 独立性原则

在指标选取时，通过各项指标的描述要能综合反映指标体系的整体特性，

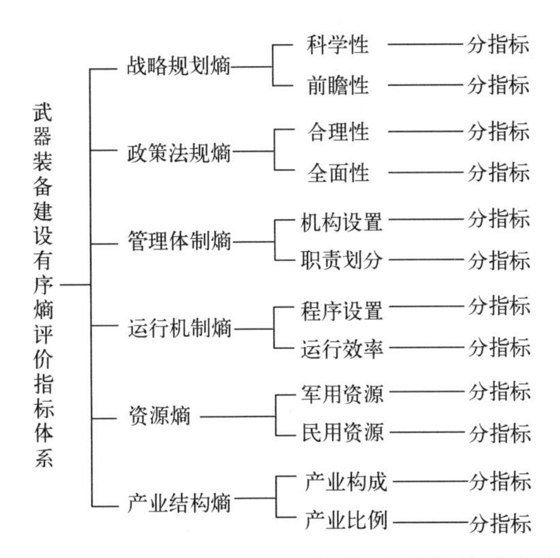

图 4-4　武器装备建设发展有序熵评价指标体系示意图

避免指标选取的重复与冗余。因此，各项指标的选取应该具有独立性，即各指标的描述应具有唯一性，这样可以减少描述上的重复性与相关性，从而降低评价的复杂程度。

2. 可行性原则

可行性是指所设立的指标要便于获取和容易量化，具有实际应用价值。在选取武器装备建设发展有序熵评价指标时，应立足于文献资料、专家建议、政策措施、统计年鉴等，保证指标含义明确，获取数据的途径有效、便捷，便于进行测算和分析。

3. 层次性原则

武器装备建设发展受战略规划、政策法规、管理体制、运行机制、资源和产业结构等因素的影响，在构建指标体系时，要考虑众多因素之间的相互统一和可比性，使其具有科学合理的层次性，能准确反映不同影响因素之间的结构关系。

4. 发展性原则

武器装备建设发展是一个不断探索和逐步完善的过程，受内部因素和外部因素的影响，在其发展过程中相关内容需要不断地进行适时调整。因此，武器装备建设发展有序熵评价指标体系的建立也要以发展的思维进行，不仅要准确反映现在的基本情况，也要能科学预见未来的发展状况。

4.4.2 指标体系确定

根据指标体系的构建原则，以及武器装备建设发展有序熵的评价模型，将影响武器装备建设发展的因素转化为评价武器装备建设发展有序熵的指标。为降低人为因素的影响，增强指标选取的客观性与科学性，本书采取 Delphi 法，选取武器装备建设研究领域较权威的专家 20~25 名，对指标体系进行评判，经过 3 论评判，得出较为客观的评价指标体系，具体如表 4-2 所列，包括 6 个一级指标，31 个二级指标。对于二级指标的更为具体的评价内容，在指标拓展释义一节中给出详细说明。

表 4-2　武器装备建设发展有序熵评价指标体系

目 标 层	一 级 指 标	二 级 指 标
武器装备建设发展有序熵评价 A	战略规划熵 B_1	长期发展战略的制定情况 B_{11}
		中长期发展规划的制定情况 B_{12}
		短期计划举措的制定情况 B_{13}
	政策法规熵 B_2	基本法律的制定情况 B_{21}
		专项法规的制定情况 B_{22}
		规范性政策措施的制定情况 B_{23}
	管理体制熵 B_3	决策机构的设置情况 B_{31}
		执行机构的设置情况 B_{32}
		机构之间的职责分工情况 B_{33}
	运行机制熵 B_4	武器装备建设的市场准入机制 B_{41}
		武器装备建设的市场退出机制 B_{42}
		武器装备建设的沟通协调机制 B_{43}
		武器装备建设的需求对接机制 B_{44}
		武器装备建设的资源共享机制 B_{45}
		武器装备建设的市场竞争机制 B_{46}
		武器装备建设的监督机制 B_{47}
		武器装备建设的激励机制 B_{48}
		武器装备建设的评价机制 B_{49}
		武器装备建设的投融资机制 B_{410}
		武器装备建设的技术转移机制 B_{411}

续表

目　标　层	一 级 指 标	二 级 指 标
武器装备建设发展有序熵评价 A	资源熵 B_5	对优秀人才的吸纳情况 B_{51}
		对先进技术的引进情况 B_{52}
		对社会资本的利用情况 B_{53}
		人才合作的融合成效 B_{54}
		技术合作的融合成效 B_{55}
		资本合作的融合成效 B_{56}
		先进技术成果的转化情况 B_{57}
	产业结构熵 B_6	武器装备市场的开放程度 B_{61}
		军工产业布局的合理度 B_{62}
		武器装备供应链的健壮性 B_{63}
		军工产业的自主可控性 B_{64}

对于表 4-2 中，评价指标体系的评分标准，本书作如下处理：将指标的建设水平分为“好、较好、不好、非常不好”4 个选项，以百分值计算，85~100 分表示指标建设水平好，70~85 分表示指标建设水平较好，55~70 分表示指标建设水平不好，55 分以下表示指标建设水平非常不好。根据式（4-2），$S_j=-K_\beta\frac{X_j}{X_j}\ln\frac{X_j}{X_j}$，分子取值不能为 0，故打分范围最终确定为 1~100 分。

4.4.3 指标拓展释义

1. 长期发展战略的制定情况

长期发展战略的制定情况指标考察的是，是否制定了武器装备建设的长期发展战略，是否将实现国防和军队现代化，全面建成世界一流军队的发展目标在武器装备建设中得到贯彻体现。

2. 中长期发展规划的制定情况

中长期发展规划的制定情况指标考察的是，是否制定了武器装备建设发展的中长期规划，是否有明确的中长期发展目标。

3. 短期计划举措的制定情况

短期计划举措的制定情况指标考察的是，是否制定了武器装备建设发展的年度计划，以及相关计划举措对解决实践过程中存在的突出矛盾与问题的针对性与彻底性。

4. 基本法律的制定情况

基本法律的制定情况指标考察的是武器装备建设基本法建设的相关情况，包括基本法是否已经存在、推进进度等内容。

5. 专项法规的制定情况

专项法规的制定情况指标考察的是武器装备建设专项法规建设的相关情况，包括相关专项法规是否系统全面、缺项情况、推进进度等内容。

6. 规范性政策措施的制定情况

规范性政策措施的制定情况指标考察的是武器装备建设规范性政策措施建设的相关情况，包括现行的规范性政策措施间的协调性、衔接性、可操作性，以及配套政策的制定情况等内容。

7. 决策机构的设置情况

决策机构的设置情况指标考察的是武器装备建设决策机构设置的相关情况，包括决策机构的组织形式、运行方式、运行效率等内容。

8. 执行机构的设置情况

执行机构的设置情况指标考察的是武器装备建设执行机构设置的相关情况，包括执行机构的组织形式、运行方式、运行效率等内容。

9. 机构之间的职责分工情况

机构之间的职责分工情况指标考察的是武器装备建设的管理机构之间的职能分工是否明确、职责关系是否理顺等内容。

10. 武器装备建设的市场准入机制

武器装备建设的市场准入机制指标考察的是武器装备市场准入机制的完善程度，包括现行机制对准入门槛、审查内容、准入流程等的设置是否合理等内容，反应了武器装备市场的开放程度。

11. 武器装备建设的市场退出机制

武器装备建设的市场退出机制指标考察的是武器装备市场现行的退出机制的设置情况，主要包括现行机制对企业退出武器装备市场的条件、所要承担的责任是否明确，以及退出流程设置是否合理等内容。

12. 武器装备建设的沟通协调机制

武器装备建设的沟通协调机制指标考察的是武器装备建设现行的沟通协调机制的设置情况，主要包括是否建立了军方与企业（包括军工企业、民口企业等）、高等院校、科研院所之间的沟通协调机构、相关工作是否常态化等内容。

13. 武器装备建设的需求对接机制

武器装备建设的需求对接机制指标考察的是武器装备建设现行的需求对接机制的设置情况，主要包括需求对接平台的建设是否完善，需求信息的发布是否及时，需求对接是否充分，需求反馈制度、需求落实评价制度是否完善。

14. 武器装备建设的资源共享机制

武器装备建设的资源共享机制指标考察的是武器装备建设现行的资源共享机制的完善程度，包括共享平台的建设情况、共享信息的发布情况、共享对接情况以及共享执行情况等。

15. 武器装备建设的市场竞争机制

武器装备建设的市场竞争机制指标考察的是武器装备市场竞争机制的建设情况，主要包括现行的竞争机制能否保证竞争主体享受公平的竞争地位，包括同样的优惠、扶持政策、相同的信息获取渠道等内容。

16. 武器装备建设的监督机制

武器装备建设的监督机制指标考察的是武器装备市场现行监督机制的建设情况，主要包括在武器装备承研、承制、承修过程中是否切实开展质量监督工作，通过过程监督是否能够保证装备合同得以有效落实等内容。

17. 武器装备建设的激励机制

武器装备建设的激励机制指标考察的是在武器装备建设过程中是否建立了相应的激励机制，对降低逆向选择和道德风险的效果如何等内容。

18. 武器装备建设的评价机制

武器装备建设的评价机制指标考察的是武器装备市场评价机制的完善程度，主要包括是否建立了独立于需求方和技术提供方之外的第三方评价机构，是否建立了科学合理的评价准则与指标体系，是否建立了规范合理的评价程序。

19. 武器装备建设的投融资机制

武器装备建设的投融资机制指标考察的是武器装备市场的投融资体制的完善程度，主要包括是否建立了多元化的投资方式，是否引入了社会资本参与武器装备建设等内容。

20. 武器装备建设的技术转移机制

武器装备市场的技术转移机制指标考察的是武器装备市场技术转移机制

的完善程度，主要包括是否建立了规范合理的技术转移程序，是否提供了有效的技术转移渠道。

21. 对优秀人才的吸纳情况

对优秀人才的吸纳情况指标考察的是积极引进各类社会优秀人才助力武器装备建设发展的情况，诸如技术研发、法律援助、管理咨询、投融资咨询等。

22. 对先进技术的引进情况

对先进技术的引进情况指标考察的是武器装备建设中前沿技术的利用情况，以及武器装备性能指标的先进性情况。

23. 对社会资本的利用情况

对社会资本的利用情况指标考察的是在武器装备建设过程中是否引入了社会资本，以及引入的方式、形式是否多样化等内容。

24. 人才合作的融合成效

人才合作的融合成效指标考察的是武器装备建设过程中通过军地人才交流合作是否使武器装备建设某些方面人才短缺的问题得以解决、解决的程度如何等内容。

25. 技术合作的融合成效

技术合作的融合成效指标考察的是武器装备建设过程中通过技术合作是否使武器装备建设某些技术瓶颈、技术难题得以解决，以及解决的程度如何等内容。

26. 资本合作的融合成效

资本合作的融合成效指标考察的是武器装备建设过程中通过资本合作节约武器装备采购经费的程度。

27. 先进技术成果的转化情况

先进技术成果的转化情况指标考察的是先进技术成果在武器装备建设中的转化应用情况。

28. 武器装备市场的开放程度

武器装备市场的开放程度指标考察的是军工产业对民口单位开放程度的高低，即民口企业获得军品订单占比程度的高低。

29. 军工产业布局的合理度

军工产业布局的合理度指标考察的是军工产业是否立足全社会资源进行布局，强化核心竞争力，突出主营业务，提高军地资源的利用率。

30. 武器装备建设供应链的健壮性

武器装备建设供应链的健壮性指标考察的是武器装备建设过程中，是否与供应商建立了长期、有效、稳定的合作关系，是否建立了弹性的供应商补充机制，以及关键核心领域供应商的培育情况。

31. 军工产业的自主可控性

军工产业的自主可控性指标考察的是武器装备核心技术、关键元器件的自主可控情况，以及对国外技术、产品等的依赖程度。

4.4.4 指标权重确定

从表 4-2 中可以看出，本书构建的武器装备建设发展有序熵评价指标体系中的评价指标均为定性指标。在赋予指标权重时，由于受知识、经验等局限性的影响，会掺杂很多主观因素。采用层次分析法对收集到的专家评定结果进行定量处理，能够很大程度上降低主观认识不同造成的影响，增加评价的合理性。其具体步骤如下：

1. 构造两两判断矩阵

假设 a_{ij} 表示元素 i 对元素 j 的相对重要性，则判断矩阵 $\boldsymbol{A}$ 可以表示为

$$\boldsymbol{A}=\begin{bmatrix} a_{11} & a_{12} & \cdots & a_{1n} \\ a_{21} & a_{22} & \cdots & a_{2n} \\ \vdots & \vdots & & \vdots \\ a_{n1} & a_{n2} & \cdots & a_{nn} \end{bmatrix} \tag{4-7}$$

判断矩阵的标度及其含义如表 4-3 所列。

表 4-3 判断矩阵的标度及其含义

标度	含义
1	元素 i 与 j 同等重要
3	元素 i 比 j 稍微重要
5	元素 i 比 j 明显重要
7	元素 i 比 j 强烈重要
9	元素 i 比 j 极端重要
1/3	元素 i 比 j 稍微不重要
1/5	元素 i 比 j 明显不重要

续表

标　　度	含　　义
1/7	元素 i 比 j 强烈不重要
1/9	元素 i 比 j 极端不重要

其中，2、4、6、8、1/2、1/4、1/6、1/8 表示重要性介于上述标度之间。

2. 一致性检验

计算判断矩阵 $\boldsymbol{A}$ 的最大特征值 $\lambda_{\max}$，以及 $\lambda_{\max}$ 所对应的特征向量 $\boldsymbol{W}$，由此计算一致性指标 CI，计算公式为

$$\mathrm{CI}=\frac{\lambda_{\max}-n}{n-1} \tag{4-8}$$

RI 表示平均随机一致性指标，其对应 CI 值的取值情况如表 4-4 所列。

表 4-4　RI 取值

n	1	2	3	4	5	6	7	8	9	10	11
RI	0	0	0. 52	0. 89	1. 12	1. 26	1. 36	1. 41	1. 46	1. 49	1. 52

根据 CI 和 RI，计算一致性比例 CR，公式为

$$\mathrm{CR}=\frac{\mathrm{CI}}{\mathrm{RI}} \tag{4-9}$$

当 CR≤0. 1 时，表明判断矩阵通过一致性检验，可以用特征向量 $\boldsymbol{W}$ 作为指标的权重；当 CR>0. 1 时，表明一致性太差，需要重新构造判断矩阵，并进行一致性检验，直到 CR≤0. 1。

根据上述公式，构造判断矩阵可以计算出武器装备建设发展有序熵评价指标体系各指标的权重值。判断矩阵根据调研数据、统计资料、科研报告以及专家意见综合权衡后得出。

（1）根据战略规划熵、政策法规熵、管理体制熵、运行机制熵、资源熵以及产业结构熵对武器装备建设发展有序熵的影响构造判断矩阵，计算得到最大特征根的近似值 $\lambda_{\max}=6.0414$，一级指标对总目标的权值如表 4-5 所列。

表 4-5　一级指标对总目标的权值计算表

一级指标	B_1	B_2	B_3	B_4	B_5	B_6	对武器装备建设发展有序熵的权值
战略规划熵 B_1	1	2	1/2	2	3	3	0. 23
政策法规熵 B_2	1/2	1	1/3	1	2	2	0. 13

续表

一级指标	B_1	B_2	B_3	B_4	B_5	B_6	对武器装备建设发展有序熵的权值
管理体制熵 B_3	2	3	1	3	4	4	0.35
运行机制熵 B_4	1/2	1	1/3	1	2	2	0.13
资源熵 B_5	1/3	1/2	1/4	1/2	1	1	0.08
产业结构熵 B_6	1/3	1/2	1/4	1/2	1	1	0.08
$CR=CI/RI=[(\lambda_{max}-n)/(n-1)]/RI=0.0053\leq 0.1$，通过一致性检验							

（2）根据长期发展战略的制定情况、中长期发展规划的制定情况、短期计划举措的制定情况对战略规划熵的影响构造两两判断矩阵，计算得到最大特征根的近似值 $\lambda_{max}=3.0092$，以及二级指标对战略规划熵的权值如表4-6所列。

表4-6 二级指标对战略规划熵的权值计算表

二级指标	B_{11}	B_{12}	B_{13}	对战略规划熵的权值
长期发展战略的制定情况 B_{11}	1	1/2	1/3	0.16
中长期发展规划的制定情况 B_{12}	2	1	1/2	0.3
短期计划举措的制定情况 B_{13}	3	2	1	0.54
$CR=CI/RI=[(\lambda_{max}-n)/(n-1)]/RI=0.0088$，通过一致性检验				

（3）根据基本法律的制定情况、专项法规的制定情况、规范性政策措施的制定情况对政策法规熵的影响构造两两判断矩阵，计算得到最大特征根的近似值 $\lambda_{max}=3.0092$，以及二级指标对政策法规熵的权值如表4-7所列。

表4-7 二级指标对政策法规熵的权值计算表

二级指标	B_{21}	B_{22}	B_{23}	对政策法规熵的权值
基本法律的制定情况 B_{21}	1	2	3	0.54
专项法规的制定情况 B_{22}	1/2	1	2	0.3
规范性政策措施的制定情况 B_{23}	1/3	1/2	1	0.16
$CR=CI/RI=[(\lambda_{max}-n)/(n-1)]/RI=0.0088$，通过一致性检验				

（4）根据顶层决策机构的设置情况、规划计划机构的设置情况、组织实施机构的设置情况、机构之间的职责分工、机构之间的沟通协调性对管理体

制熵的影响构造两两判断矩阵，计算得到最大特征根的近似值 $\lambda_{max}=3$，以及二级指标对管理体制熵的权值如表 4-8 所列。

表 4-8　二级指标对管理体制熵的权值计算表

二级指标	B_{31}	B_{32}	B_{33}	对管理体制熵的权值
决策机构的设置情况 B_{31}	1	1	2	0.4
执行机构的设置情况 B_{32}	1	1	2	0.4
机构之间的职责分工情况 B_{33}	1/2	1/2	1	0.2
$CR=CI/RI=[(\lambda_{max}-n)/(n-1)]/RI=0$，通过一致性检验				

（5）根据武器装备市场的准入机制、退出机制、沟通协调机制、需求对接机制、资源共享机制、竞争机制、监督机制、激励机制、评价机制、投融资机制、技术转移机制对运行机制熵的影响构造两两判断矩阵，计算得到最大特征根的近似值 $\lambda_{max}=11.0766$，以及二级指标对运行机制熵的权值如表 4-9 所列。

表 4-9　二级指标对运行机制熵的权值计算表

二级指标	B_{41}	B_{42}	B_{43}	B_{44}	B_{45}	B_{46}	B_{47}	B_{48}	B_{49}	B_{410}	B_{411}	对运行机制熵的权值
武器装备建设的市场准入机制 B_{41}	1	2	2	1	2	2	3	4	3	4	4	0.18
武器装备建设的市场退出机制 B_{42}	1/2	1	1	1/2	1	1	2	3	2	3	3	0.1
武器装备建设的沟通协调机制 B_{43}	1/2	1	1	1/2	1	1	2	3	2	3	3	0.1
武器装备建设的需求对接机制 B_{44}	1	2	2	1	2	2	3	4	3	4	4	0.18
武器装备建设的资源共享机制 B_{45}	1/2	1	1	1/2	1	1	2	3	2	3	3	0.1
武器装备建设的市场竞争机制 B_{46}	1/2	1	1	1/2	1	1	2	3	2	3	3	0.1
武器装备建设的监督机制 B_{47}	1/3	1/2	1/2	1/3	1/2	1/2	1	2	1	2	2	0.06
武器装备建设的激励机制 B_{48}	1/4	1/3	1/3	1/4	1/3	1/3	1/2	1	1/2	1	1	0.04

续表

二级指标	B_{41}	B_{42}	B_{43}	B_{44}	B_{45}	B_{46}	B_{47}	B_{48}	B_{49}	B_{410}	B_{411}	对运行机制熵的权值
武器装备建设的评价机制 B_{49}	1/3	1/2	1/2	1/3	1/2	1/2	1	2	1	2	2	0.06
武器装备建设的投融资机制 B_{410}	1/4	1/3	1/3	1/4	1/3	1/3	1/2	1	1/2	1	1	0.04
武器装备建设的技术转移机制 B_{411}	1/4	1/3	1/3	1/4	1/3	1/3	1/2	1	1/2	1	1	0.04
$CR=CI/RI=[(\lambda_{max}-n)/(n-1)]/RI=0.0035$，通过一致性检验												

（6）根据对社会优秀人才的吸纳情况、对先进民用技术的引进情况、对民间资本的利用情况、人才合作的融合成效、技术合作的融合成效、资本合作的融合成效、军民两用技术开发情况对资源熵的影响构造两两判断矩阵，计算得到最大特征根的近似值 $\lambda_{max}=7.0136$，以及二级指标对资源熵的权值如表 4-10 所列。

表 4-10 二级指标对资源熵的权值计算表

二级指标	B_{51}	B_{52}	B_{53}	B_{54}	B_{55}	B_{56}	B_{57}	对资源熵的权值
对优秀人才的吸纳情况 B_{51}	1	1/2	1	1	1/2	1	1/3	0.09
对先进技术的引进情况 B_{52}	2	1	2	2	1	2	1/2	0.17
对社会资本的利用情况 B_{53}	1	1/2	1	1	1/2	1	1/3	0.09
人才合作的融合成效 B_{54}	1	1/2	1	1	1/2	1	1/3	0.09
技术合作的融合成效 B_{55}	2	1	2	2	1	2	1/2	0.17
资本合作的融合成效 B_{56}	1	1/2	1	1	1/2	1	1/3	0.09
先进技术成果的转化情况 B_{57}	3	2	3	3	2	3	1	0.3
$CR=CI/RI=[(\lambda_{max}-n)/(n-1)]/RI=0.0017$，通过一致性检验								

（7）根据武器装备建设产业对民口单位的开放程度、军工产业布局的合理度、武器供应链的健壮性、军工产业的自主可控性对产业结构熵的影响构造两两判断矩阵，计算得到最大特征根的近似值 $\lambda_{max}=4.0104$，以及二级指标对产业结构熵的权值如表 4-11 所列。

表 4-11 二级指标对产业结构熵的权值计算表

二级指标	B_{61}	B_{62}	B_{63}	B_{64}	对产业结构熵的权值
武器装备建设产业对民口单位的开放程度 B_{61}	1	1/3	1/2	1/2	0.12
军工产业布局的合理度 B_{62}	3	1	2	2	0.42
武器装备建设供应链的健壮性 B_{63}	2	1/2	1	1	0.23
军工产业的自主可控性 B_{64}	2	1/2	1	1	0.23
$CR=CI/RI=[(\lambda_{max}-n)/(n-1)]/RI=0.0039$，通过一致性检验					

则根据上述结果，可以得到武器装备建设发展有序熵评价指标体系各指标的最终权值，如表 4-12 所列。

表 4-12 武器装备建设发展有序熵评价指标体系各指标的权值

目标层	一级指标	二级指标
武器装备建设发展有序熵	战略规划熵（0.23）	长期发展战略的制定情况（0.16）
		中长期发展规划的制定情况（0.3）
		短期计划举措的制定情况（0.54）
	政策法规熵（0.13）	基本法律的制定情况（0.54）
		专项法规的制定情况（0.3）
		规范性政策措施的制定情况（0.16）
	管理体制熵（0.35）	决策机构的设置情况（0.4）
		执行机构的设置情况（0.4）
		机构之间的职责分工情况（0.2）
	运行机制熵（0.13）	武器装备建设的市场准入机制（0.18）
		武器装备建设的市场退出机制（0.1）
		武器装备建设的沟通协调机制（0.1）
		武器装备建设的需求对接机制（0.18）
		武器装备建设的资源共享机制（0.1）
		武器装备建设市场竞争机制（0.1）
		武器装备建设的监督机制（0.06）
		武器装备建设的激励机制（0.04）
		武器装备建设的评价机制（0.06）
		武器装备建设的投融资机制（0.04）
		武器装备建设的技术转移机制（0.04）

续表

目 标 层	一 级 指 标	二 级 指 标
武器装备建设发展有序熵	资源熵（0.08）	对优秀人才的吸纳情况（0.09）
		对先进技术的引进情况（0.17）
		对社会资本的利用情况（0.09）
		人才合作的融合成效（0.09）
		技术合作的融合成效（0.17）
		资本合作的融合成效（0.09）
		先进技术成果的转化情况（0.3）
	产业结构熵（0.08）	武器装备市场的开放程度（0.12）
		军工产业布局的合理度（0.42）
		武器装备建设供应链的健壮性（0.23）
		军工产业的自主可控性（0.23）

4.5 实例验证

本书所建立的武器装备建设发展有序熵模型及评价指标体系，对于评价武器装备科研、生产以及维修保障领域的有序程度具有普遍适用性。但是由于不同行业领域，武器装备建设的有序程度不同，指标建设的水平也不同。因此，在计算某一具体行业领域的有序熵值时，要紧贴该领域武器装备建设的现实情况，对评价指标进行打分。本书以某航空装备维修领域为例，利用所构建的武器装备建设发展有序熵模型及评价指标体系，对该领域的有序熵值进行计算与验证。

某航空装备维修领域为提高武器装备维修保障能力，坚持“需求牵引、军民结合、互利共赢”的发展理念，以破解修理保障难题为切入，以具体合作项目为抓手，注重顶层设计、注重制度创新，使该领域武器装备维修保障能力得到显著提升。2017 年，该航空装备维修领域取得的具体成效如下：

（1）管理体制建设方面，初步改革了管理组织架构，在决策机构建设方面，为了积极引入优势社会力量支撑航空装备维修，建立了专门的领导机构，负责组织制定军民协同保障的发展规划计划、审定重大项目、研究解决实践中的困难问题；在工厂层面，成立了以修理单位厂长（董事长）为组长、相关负责人为组员的领导小组，负责推进各单位具体装备建设项目协同发展，及时研究解决困难问题。

（2）战略规划建设方面，制定下发了相关规章制度，对促进技术、人才、资本、管理等方面给出了14条具体措施。

（3）运行机制建设方面，注重加强沟通协调机制的建设，通过举办座谈会等方式，积极疏通合作渠道，增强军队与民企、高校间的合作。

（4）产业结构建设方面，产业范围快速拓展，军地合作项目实现了由“点”到“线”，再向“面”的拓展；军地合作范围由几十型装备发展为上百型装备；军地合作技术实现了由“旧”向“新”的延伸；军地合作领域实现了由单独和民企开展技术合作，拓展到与高校、地方政府常态化合作，使该领域武器装备建设发展成效显著。

本书通过邀请专家，结合该领域武器装备建设发展的现实情况，针对评价指标体系中的指标进行评分。运用SPSS软件中的“描述统计”功能对样本数据的有效性进行分析，结果证明收集到的样本数据均为有效数据，对调查问卷的评分结果求平均值作为指标的最终得分。

在利用公式 $S_i=-K_\beta \dfrac{X_j}{X_j}\ln\dfrac{X_j}{X_j}$ 计算指标 j 的熵值时，由于 K_β 为常数，且本书将对所求得的熵值作归一化处理，因此为简化计算，取 K_β 的值为1。对有序熵值进行归一化处理的好处在于：二级指标的相互作用力矩阵差别大，导致一级指标有序熵值差别也随之增大，无法进行横向比较。将有序熵值分别进行归一化处理，有利于直观地观察出一级指标建设的有序程度，以及武器装备建设发展的整体有序度。

1. 某航空装备维修领域战略规划熵的计算

表4-13　战略规划熵各子指标熵值计算表

指　　标	实　际　值	标　准　值	实际值/标准值	熵　　值
长期发展战略的制定情况（0.16）	85	100	0.85	0.1381
中长期发展规划的制定情况（0.3）	85	100	0.85	0.1381
短期计划举措的制定情况（0.54）	80	100	0.8	0.1785

则 $\boldsymbol{A}_1=(0.1381,0.1381,0.1785)$。

表 4-14 战略规划熵各子指标相互作用力评价表

指 标	B11	B12	B12
B11	1	2	2
B12	1.8	1	2
B13	1.8	1.8	1

则战略规划熵各个子指标的相互作用力矩阵 $\boldsymbol{N}_1$ 为

$$\boldsymbol{N}_1=\begin{bmatrix}1 & 2 & 2\\1.8 & 1 & 2\\1.8 & 1.8 & 1\end{bmatrix}。$$

由此，可以得到该航空装备维修领域战略规划熵 $\boldsymbol{B}_1=\boldsymbol{A}_1\times\boldsymbol{N}_1\times\boldsymbol{C}_1=0.7286$，对其进行归一化处理得到 $\boldsymbol{B}_1$ 的值为 0.4062。

2. 某航空装备维修领域政策法规熵的计算

表 4-15 政策法规熵各子指标熵值计算表

指 标	实 际 值	标 准 值	实际值/标准值	熵 值
基本法律的制定情况（0.54）	50	100	0.5	0.3466
专项法规的制定情况（0.3）	50	100	0.5	0.3466
规范性政策措施的制定情况（0.16）	70	10	0.7	0.2497

则 $\boldsymbol{A}_2=(0.3466, 0.3466, 0.2497)$。

表 4-16 政策法规熵各子指标相互作用力评价表

指 标	B21	B22	B23
B21	1	2	2
B22	1.8	1	2
B23	1.8	1.8	1

则政策法规熵各个子指标的相互作用力矩阵 $\boldsymbol{N}_2$ 为

$$\boldsymbol{N}_2=\begin{bmatrix}1 & 2 & 2\\1.8 & 1 & 2\\1.8 & 1.8 & 1\end{bmatrix}$$

由此，可以得到该航空装备维修领域政策法规熵 $\boldsymbol{B}_2=\boldsymbol{A}_2\times\boldsymbol{N}_2\times\boldsymbol{C}_2=1.4753$，对其进行归一化处理得到 $\boldsymbol{B}_2$ 的值为 0.8488。

3. 某航空装备维修领域管理体制熵的计算

表 4-17　管理体制熵各子指标熵值计算表

指　标	实　际　值	标　准　值	实际值/标准值	熵　值
决策机构的设置情况（0.4）	85	100	0.85	0.1381
执行机构的设置情况（0.4）	80	100	0.8	0.1785
机构之间的职责分工情况（0.2）	78	100	0.78	0.1938

则 $\boldsymbol{A}_3=(0.1381,0.1785,0.1938)$。

表 4-18　管理体制熵各子指标相互作用力评价表

指　标	B_{31}	B_{32}	B_{33}
B_{31}	1	1.8	1.8
B_{32}	1.6	1	1.8
B_{33}	1.4	1.6	1

则管理体制熵各个子指标的相互作用力矩阵 $\boldsymbol{N}_3$ 为

$$\boldsymbol{N}_3=\begin{bmatrix}1 & 1.8 & 1.8\\1.6 & 1 & 1.8\\1.4 & 1.6 & 1\end{bmatrix}$$

由此，可以得到该航空装备维修领域管理体制熵 $\boldsymbol{B}_3=\boldsymbol{A}_3\times\boldsymbol{N}_3\times\boldsymbol{C}_3=0.7256$，对其进行归一化处理得到 $\boldsymbol{B}_3$ 的值为 0.4608。

4. 某航空装备维修领域运行机制熵的计算

表 4-19　运行机制熵各子指标熵值计算表

指　标	实际值	标准值	实际值/标准值	熵值
武器装备建设的市场准入机制（0.18）	72	100	0.72	0.2365
武器装备建设的市场退出机制（0.1）	65	100	0.65	0.28
武器装备建设的沟通协调机制（0.1）	60	100	0.6	0.3065
武器装备建设的需求对接机制（0.18）	65	100	0.65	0.28
武器装备建设的资源共享机制（0.1）	55	100	0.55	0.3288
武器装备建设的市场竞争机制（0.1）	60	100	0.6	0.3065
武器装备建设的监督机制（0.06）	75	100	0.75	0.2244
武器装备建设的激励机制（0.04）	70	100	0.7	0.2497
武器装备建设的评价机制（0.06）	65	100	0.65	0.28

续表

指　　标	实际值	标准值	实际值/标准值	熵值
武器装备建设的投融资机制（0.04）	55	100	0.55	0.3288
武器装备建设的技术转移机制（0.04）	55	100	0.55	0.3288

则 $\boldsymbol{A}_4=(0.2365,0.28,0.3065,0.28,0.3288,0.3065,0.2244,0.2497,0.28,0.3288,0.3288)$。

表 4-20　运行机制熵各子指标相互作用力评价表

指　　标	B_{41}	B_{42}	B_{43}	B_{44}	B_{45}	B_{46}	B_{47}	B_{48}	B_{49}	B_{410}	B_{411}
B_{41}	1	1	1	1	1	1.4	1	1	1.4	1	1
B_{42}	1.2	1	1	1	1	1	1.2	1	1.2	1	1
B_{43}	1	1	1	1.2	1.2	1	1	1	1	1	1
B_{44}	1	1	1.6	1	1.4	1	1	1	1	1	1
B_{45}	1	1	1.6	1.2	1	1	1	1	1	1	1
B_{46}	1.4	1.2	1	1.4	1	1	1.4	1.4	1.4	1	1
B_{47}	1	1	1	1	1	1	1	1	1.4	1	1
B_{48}	1	1	1	1	1	1.2	1	1	1	1	1
B_{49}	1	1	1	1	1	1	1	1	1	1	1
B_{410}	1.4	1	1.2	1	1	1	1	1	1	1	1
B_{411}	1.4	1	1.2	1	1.4	1	1	1	1	1	1

则运行机制熵各个子指标的相互作用力矩阵 $\boldsymbol{N}_4$ 为

$$\boldsymbol{N}_4=\begin{bmatrix} 1 & 1 & 1 & 1 & 1 & 1.4 & 1 & 1 & 1.4 & 1 & 1 \\ 1.2 & 1 & 1 & 1 & 1 & 1 & 1.2 & 1 & 1.2 & 1 & 1 \\ 1 & 1 & 1 & 1.2 & 1.2 & 1 & 1 & 1 & 1 & 1 & 1 \\ 1 & 1 & 1.6 & 1 & 1.4 & 1 & 1 & 1 & 1 & 1 & 1 \\ 1 & 1 & 1.6 & 1.2 & 1 & 1 & 1 & 1 & 1 & 1 & 1 \\ 1.4 & 1.2 & 1 & 1.4 & 1 & 1 & 1.4 & 1.4 & 1.4 & 1 & 1 \\ 1 & 1 & 1 & 1 & 1 & 1 & 1 & 1 & 1.4 & 1 & 1 \\ 1 & 1 & 1 & 1 & 1 & 1.2 & 1 & 1 & 1 & 1 & 1 \\ 1 & 1 & 1 & 1 & 1 & 1 & 1 & 1 & 1 & 1 & 1 \\ 1.4 & 1 & 1.2 & 1 & 1 & 1 & 1 & 1 & 1 & 1 & 1 \\ 1.4 & 1 & 1.2 & 1 & 1.4 & 1 & 1 & 1 & 1 & 1 & 1 \end{bmatrix}。$$

由此，可以得到该航空装备维修领域运行机制熵 $\boldsymbol{B}_4=\boldsymbol{A}_4\times\boldsymbol{N}_4\times\boldsymbol{C}_4=3.4126$，对其进行归一化处理得到 $\boldsymbol{B}_4$ 的值为 0.7813。

5. 某航空装备维修领域资源熵的计算

表 4-21 资源熵各子指标熵值计算表

指 标	实际值	标准值	实际值/标准值	熵 值
对优秀人才的吸纳情况（0.09）	65	100	0.65	0.28
对先进技术的引进情况（0.17）	70	100	0.7	0.2497
对社会资本的利用情况（0.09）	60	100	0.6	0.3065
人才合作的融合成效（0.09）	65	100	0.65	0.28
技术合作的融合成效（0.17）	78	100	0.78	0.1938
资本合作的融合成效（0.09）	60	100	0.6	0.3065
先进技术成果的转化情况（0.3）	68	100	0.68	0.2623

则 $\boldsymbol{A}_5=(0.28, 0.2497, 0.3065, 0.28, 0.1938, 0.3065, 0.2623)$。

表 4-22 资源熵各子指标相互作用力评价表

指 标	B_{61}	B_{62}	B_{63}	B_{64}	B_{65}	B_{66}	B_{67}
B_{61}	1	1.6	1.4	2	1.6	1.4	1.6
B_{62}	1.4	1	1.6	1.4	2	1.4	1.8
B_{63}	1.6	1.6	1	1.6	1.6	2	1.8
B_{64}	1.8	1.4	1.4	1	1.4	1.4	1.4
B_{65}	1.4	1.8	1.6	1.4	1	1.6	1.8
B_{66}	1.6	1.6	1.8	1.6	1.6	1	1.8
B_{67}	1.6	1.8	1.8	1.6	1.8	1.8	1

则资源熵各个子指标的相互作用力矩阵 $\boldsymbol{N}_5$ 为

$$\boldsymbol{N}_5=\begin{bmatrix} 1 & 1.6 & 1.4 & 2 & 1.6 & 1.4 & 1.6 \\ 1.4 & 1 & 1.6 & 1.4 & 2 & 1.4 & 1.8 \\ 1.6 & 1.6 & 1 & 1.6 & 1.6 & 2 & 1.8 \\ 1.8 & 1.4 & 1.4 & 1 & 1.4 & 1.4 & 1.4 \\ 1.4 & 1.8 & 1.6 & 1.4 & 1 & 1.6 & 1.8 \\ 1.6 & 1.6 & 1.8 & 1.6 & 1.6 & 1 & 1.8 \\ 1.6 & 1.8 & 1.8 & 1.6 & 1.8 & 1.8 & 1 \end{bmatrix}。$$

由此，可以得到该航空装备维修领域资源熵 $\boldsymbol{B}_5=\boldsymbol{A}_5\times\boldsymbol{N}_5\times\boldsymbol{C}_5=2.9197$，对

其进行归一化处理得到 $\boldsymbol{B}_5$ 的值为 0. 7305。

6. 某航空装备维修领域产业结构熵的计算

表 4-23 产业结构熵各子指标熵值计算表

指　　标	实　际　值	标　准　值	实际值/标准值	熵　　值
武器装备市场的开放程度（0. 12）	84	100	0. 84	0. 1465
军工产业布局的合理度（0. 42）	85	100	0. 85	0. 1381
武器装备建设供应链的健壮性（0. 23）	70	100	0. 7	0. 2497
军工产业的自主可控性（0. 23）	70	100	0. 7	0. 2497

则 $\boldsymbol{A}_6=(0.1456,0.1381,0.2497,0.2497)$。

表 4-24 产业结构熵各子指标相互作用力评价表

指　　标	B_{61}	B_{62}	B_{63}	B_{64}
B_{61}	1	1. 2	1. 8	1. 8
B_{62}	1. 4	1	2	2
B_{63}	1. 4	1. 8	1	1. 8
B_{64}	1. 4	1. 8	1. 8	1

则产业结构熵各个子指标的相互作用力矩阵 $\boldsymbol{N}_6$ 为

$$\boldsymbol{N}_6=\begin{bmatrix} 1 & 1.2 & 1.8 & 1.8 \\ 1.4 & 1 & 2 & 2 \\ 1.4 & 1.8 & 1 & 1.8 \\ 1.4 & 1.8 & 1.8 & 1 \end{bmatrix}$$

由此，可以得到该航空装备维修领域产业结构熵 $\boldsymbol{B}_6=\boldsymbol{A}_6\times\boldsymbol{N}_6\times\boldsymbol{C}_6=1.204$，对其进行归一化处理得到 $\boldsymbol{B}_6$ 的值为 0. 5369。

综上，可以得到该航空装备维修领域的有序熵值 $S=\sum_{i=1}^{6}\omega_i B_i=0.568$。

由于本书对一级指标有序熵值进行了归一化处理，所以得到的目标层有序熵值 $S\in[0,1]$。通过计算得到该航空装备维修领域的有序熵值为 0. 568，相对较大，表明该航空装备维修领域建设发展过程中，虽然取得了一定的成绩，但是武器装备建设的整体有序程度不高，需要针对评价指标体系中的薄弱环节进一步采取改进措施，增加负熵来源和流入量，从而促进该领域武器装备建设耗散结构的形成。

第5章 基于有序熵的武器装备建设发展模式及实现路径

武器装备建设发展是一项长期的历史任务，在不同的发展阶段，由于制度安排不同，武器装备市场不同行业领域的开放程度不同，对外部资源的吸收和整合能力也不同。如何根据特定的制度环境，选择合适的发展模式，为武器装备建设引入负熵，抵消发展过程中自发产生的正熵，对优化国防科技产业布局，提高优势资源的吸收和整合效率，推动武器装备实现跨越式发展具有十分重要的作用。本章从熵理论和制度变迁理论的视角出发，对武器装备建设发展模式建立的依据进行分析，在此基础上，建立行政主导型发展模式和市场运作型发展模式，并以有序熵为变量，构建武器装备建设发展模式选择模型。

5.1 基础理论

5.1.1 国防经济学理论

1. 国防经济学概念

自从国家产生以来，国防经济就伴随着人类社会，影响着历史的发展，也促使人们从各个角度思考战争经济和其他军事经济活动的问题。1960 年，希奇和麦基因用经济学的效益概念对国防部门进行分析，成为国防经济学产生的奠基之作。

国防经济学是将经济学的推理与方法应用于国防问题研究的一门学科。它是研究整个经济中与国防有关的问题，具体包括：国防开支水平、国防开支的影响、国防各部门成立的依据、国防开支与技术变化的关系、国防开支和组建国防部门对国际稳定形势的影响。国防经济学与其他领域经济学的不同之处至少有以下三方面：①研究对象（军队、武器装备、武器装备承制单位）；②国防机构的制度安排（如武器装备管理体制、采办惯例）；③需要研究的一系列其他问题。

2. 国防经济学理论应用

当代西方国防经济学运用理论经济学的一些范畴、分析方法、分析工具和基本的理论原理，对国防经济中一系列问题，如军费开支、国防工业基础、国防采购、军火贸易、军备竞赛、恐怖主义、军事人力资源乃至非传统安全等问题展开研究，并在此基础上建立起本学科特有的一些范畴、分析框架和理论原理。第二次世界大战时期的国防经济研究，对支持战争胜利做出了相当大的贡献，而这一时期的研究成果，如库存理论、排队论、投入-产出分析、线性规划、对策论等，又为战后的经济发展起了相当大的支持作用。冷战时期，欧美的一些经济学家将经济手段视为武力手段之外的政策工具。他们不仅十分重视对威慑理论、军备竞赛、战争与和平等方面问题研究，而且对如何通过出口控制、贸易制裁、经济援助等政策举措来实现国家战略方面的问题，进行了相当深入的研究。冷战结束后，国防经济学的研究对象又随着国际政治格局的变化，转向有关裁军问题、国防工业转型问题、地区冲突和局部战争问题、新形势下国际安全和国家安全问题以及非传统安全问题方面的研究。9·11 事件以后，面临新的挑战，国防经济学家们，又将目光投注到冲突经济学、恐怖分子行为建模、军事联盟经济学方面。当代西方国防经济学研究始终是因时、因势而变，其研究对象和研究范围具有极强的政策指向性，旨在为现实的国防经济问题提供一个可供判断和选择的基准。

新中国的国防经济学产生于 20 世纪 80 年代中期。当时，在军队与国防建设服从服务于国家经济建设的大背景下，如何协调好国防建设与经济建设之间的关系成为学者们关注的一个重大问题，由此催生了新中国国防经济学。国防经济学在新中国发展的 30 多年时间内，有比较丰硕的成果问世。在解决现实问题上，始终以现实国防安全提出的需求作为国防经济理论研究的着眼点，积极参加了国家、军队及有关部委的课题研究，为政府有关部门和军委总部的决策提供了大量的政策咨询。在学科建设上，积累了可观的文献资料，翻译了多部西方国防经济学著作，并出版一批现代国防经济学教材，为建立中国特色的国防经济学奠定深厚的根基。

5.1.2 资源配置理论

1. 资源配置理论概念

在经济学中，资源有狭义和广义之分。狭义资源是指自然资源；广义资源是指经济资源或生产要素，包括自然资源、劳动力和资本等。可以说，资源是指社会经济活动中人力、物力和财力的总和，是社会经济发展的基本物质条件。在任何社会，人的需求作为一种欲望都是无止境的，而用来满足人们需求的资源却是有限的，因此，资源具有稀缺性。

资源配置是指资源的稀缺性决定了任何一个社会都必须通过一定的方式把有限的资源合理分配到社会的各个领域中去，以实现资源的最佳利用，即用最少的资源耗费，生产出最适用的商品和劳务，获取最佳的效益。

资源配置的实质就是社会总劳动时间在各个部门之间的分配。资源配置合理与否，对一个国家经济发展的成败有着极其重要的影响。一般来说，资源如果能够得到相对合理的配置，经济效益就显著提高，经济就能充满活力；否则，经济效益就明显低下，经济发展就会受到阻碍。

2. 资源配置理论应用

社会资源的配置是通过一定的经济机制实现的，具体包括以下 3 种机制：①动力机制。资源配置的目标是实现最佳效益，通过资源配置实现不同层次经济主体的利益，是配置资源的原动力，并在此基础上形成资源配置的动力机制。②信息机制。为了选择合理配置资源的方案，需要及时、全面地获取相关的信息作为依据，而信息的收集、传递、分析和利用是通过一定的渠道和机制实现的，如信息的传递可以是横向的或者是纵向的。③决策机制。资源配置的决策权可以是集中的或分散的，集中的权力体系和分散的权力体系，有着不同的权力制约关系，因而形成不同的资源配置决策机制。

资源的优化配置主要靠的是市场途径，由于市场经济具有平等性、竞争性、法制性和开放性的特点和优点，它能够自发地实现对商品生产者和经营者的优胜劣汰的选择，促使商品生产者和经营者实现内部的优化配置，调节社会资源向优化配置的企业集中，进而实现整个社会资源的优化配置。由于市场调节作用的有限性使市场调节又具有自发性、盲目性、滞后性等弱点，因此，社会生产和再生产所需要的供求总量平衡，经济和社会的可持续发展，以及社会公共环境建设等，必然由国家的宏观调控来实现。

资源的优化配置以经济和社会的可持续发展，以及整个社会经济的协调发展为前提，这同样适用于武器装备建设领域。武器装备是一种纯公共物品，加强武器装备建设的目的是为了增强本国的军事威慑能力、保护本国领土完整与安全、提高本国国际地位等。武器装备具有研发周期长、资金投入大、科技含量高、产出规模小等特点，如果不能对有限的资源进行合理的安排，就会大大降低投入产出比，从而造成资源浪费。因此，在武器装备建设过程中要充分发挥资源配置理论的作用，对国家资源进行优化配置，提高武器装备建设的效率。

5.1.3 制度变迁理论

1. 制度变迁理论概念

美国经济学家道格拉斯·C. 诺斯将制度定义为社会游戏的博弈规则，他认为制度是为决定人们的相互关系而人为设定的一些制约。制度构造了人们在政治、社会和经济方面发生交换的激励结构，它对人们在某种条件下是否可以从事某项活动进行了规范，为人类发生相互关系提供了框架。

制度可以被视为一种由个人或者组织生产出来的公共产品。当制度的供给能够满足人们的需求时，制度处于稳定发展状态，被继续执行；当制度的供给无法满足人们的需求时，就会发生制度变迁。制度变迁是指制度的创立、变更随时间变化而打破的过程，它是一种用高效益的新制度替换低效益的旧制度的过程。制度变迁包含两层含义：第一层含义是制度的整体变革，即新制度的创立过程，这是制度从无到有的过程；第二层含义是制度的局部变革，即只有结构中特定的制度安排发生变化，其他制度安排不发生变化，这是制度的完善过程。依据不同的标准，制度变迁的形式呈现多样化，具体如图 5-1 所示。

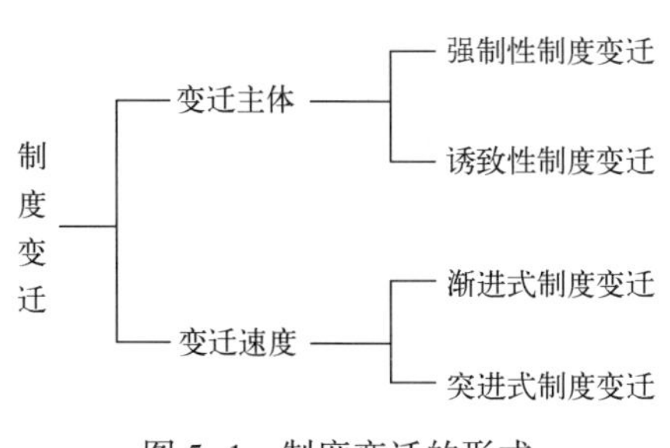

图 5-1 制度变迁的形式

1）强制性制度变迁与诱致性制度变迁

强制性制度变迁以政府为主体，是在政府的主导下，通过行政权力和立法手段，自上而下推行制度、变革制度的制度变迁形式。它是由纯粹的政府行为促成的制度变迁，制度出台时间短，推动力度大，具有强制性和利益双重性等特征。诱致性制度变迁以微观经济行为主体，包括个人、企业、团体等。它是个人和群体为获得利益自发倡导组织对现行制度安排进行变更或替代，创造新的制度安排的制度变迁形式。它具有盈利性、自发性和渐进性等特征。

制度需求是制度变迁的诱因，制度供给是制度变迁实现的路径。用新制度替代旧制度，需要花费昂贵的成本，所以通常情况下不会产生制度变迁，除非新的制度安排产生的净收益超过制度变迁的费用。由于诱致性制度变迁存在高昂的交易费用，且提供的新制度供给大大少于最佳供给，此时需要政府采取行动来弥补制度供给的不足，从而产生强制性制度变迁。诱致性制度变迁是由于在某种旧制度安排下无法得到的获利机会所引起的，而强制性变迁则不同，只要预期收益高于费用，政府就愿意进行制度变迁。两种制度变迁的示意图如图 5-2 所示。

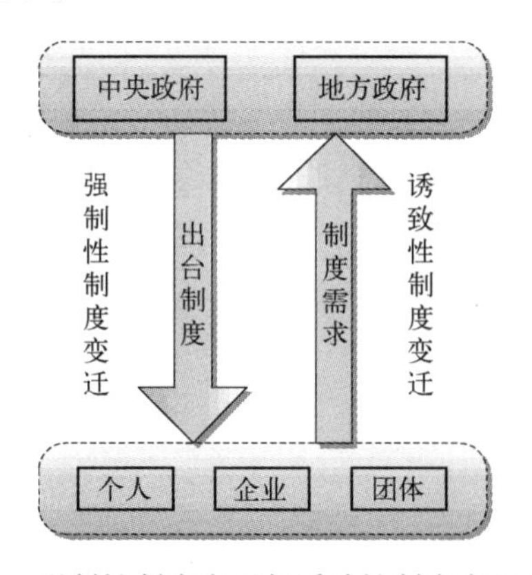

图 5-2　强制性制度变迁与诱致性制度变迁示意图

2）渐进式制度变迁与突进式制度变迁

渐进式制度变迁是指新旧制度之间轨道平滑、衔接较好，变迁过程相对平稳，没有引起较大的社会震荡的制度变迁。相对于渐进式制度变迁而言，突进式制度变迁是在短时间内，不顾及各种关系的协调，采取果断措施进行制度变迁的方式。

渐进式制度变迁需要的时间较长，存在新旧制度并存的问题，使两种制度之间的摩擦较大，容易产生新的问题与矛盾，即便如此，渐进式制度变迁却不会引起较大的动荡，进程虽慢，但风险小、成功率高。突进式制度变迁推进的速度快，但并不能在短时间内解决制度变迁的所有问题，而是抓住关键性问题，果断推进变迁。这种制度变迁方式，风险大，容易造成较大的动荡。

3）制度变迁过程

根据制度变迁的广义理论，可以把制度变迁的过程分为5个阶段：①产生关于特定制度安排的（新）观念；②政治动员；③争夺制度安排设计和规定的权利；④制定规则；⑤合法化、稳定化以及复制。这5个阶段与进化论中的变异（突变）、选择（减少变异）、遗传（稳定化）3个阶段相对应。其中（新）观念的产生与变异相对应，政治动员和权利争夺与选择相对应，制定规则及其合法化、稳定化和复制与遗传相对应。

2. 制度变迁理论应用

强制性制度变迁、诱致性制度变迁、渐进式制度变迁和突进式制度变迁是制度变迁的4种基本形式，它们为武器装备建设发展目标的实现提供指导。在武器装备建设发展过程中，仅依靠单一的制度变迁方式很难实现最终目标，需要上述4种制度变迁形式共同作用，相互促进、相互补充，才能使武器装备建设发展制度变迁得以顺利有效地实施。

以强制性制度变迁和诱致性制度变迁为纵坐标，以渐进式制度变迁和突进式制度变迁为横坐标，可以得到4种制度变迁形式两两组合的形式，如图5-3所示。

1）强制性-渐进式制度变迁形式

这种制度变迁组合形式的变迁主体是政府，因而在整体上以强制性制度变迁为主导，同时兼有渐进式制度变迁的特质，主要体现在以下3个方面：一是某些单一制度在变迁过程中采取的是渐进式制度变迁的方式；二是制度安排有先后主次之分，往往是先进行核心制度的安排，再进行配套制度的安排；三是制度变迁过程是制度累积的过程，通过单次强制性制度变迁往往不能满足制度变迁的全部需求，需要交替使用强制性制度变迁才能达到最终目的。这种制度变迁组合形式在变迁过程中，能够为内生需求的产生，以及制度作用对象对新制度的适应提供一定的时间和空间，并且能够降低制度安排的摩擦成本，避免由于破坏性太强而出现大的社会震荡。其不足之处主要体

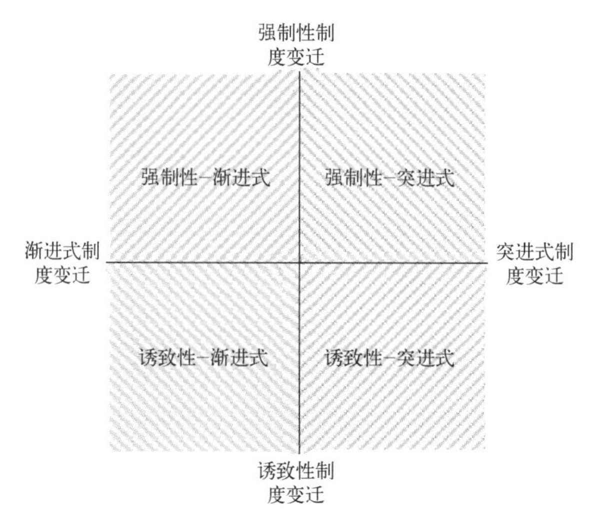

图 5-3　制度变迁的组合形式

现在：一是强制性制度变迁作用的时间太长，不仅会为利益集团“寻租”提供了更多的机会，而且容易导致搭便车现象的发生；二是在制度的累积过程中，由于外界因素对新制度的抵触，可能会导致后续制度变迁的强度不够；三是内生的制度需求缺失。强制性—渐进式制度变迁形式关键是要安排好制度变迁的强度和制度供给的时机。

2）强制性–突进式制度变迁形式

这种制度变迁组合形式的变迁主体依然是政府，但是相较于强制性–渐进式制度变迁形式而言，此种制度变迁形式是对制度由上而下的快速变革。这种形式的优点主要有：一是保证了制度安排的力度和强度，以最快的速度完成新制度对旧制度的替换，同时由于具有强制性，因而能保证新制度安排的有效性；二是减少了利益集团“寻租”的机会，节约了制度实施的成本。其主要缺点如下：一是对旧制度的彻底变革，不仅容易损失信息存量，而且可能会因为制度环境的不成熟以及执行经验的不足，引起大的社会震荡；二是具有不可逆性，失去了进行合理适当修正的机会。

3）诱致性–渐进式制度变迁形式

这种制度变迁组合形式的变迁主体是微观经济主体，是由于潜在获利机会的吸引，诱使微观经济主体产生对新制度的需求，进而导致缓慢的制度变迁过程。这种制度变迁形式的主要优点有：一是制度变迁的过程温和，引起的社会震荡小；二是作为微观经济主体自发倡导的制度变革，内生需求充分，能够准确地把握制度变迁方向；三是制度变迁的成功概率高。其主要缺点有：一是制度变迁的时间长，导致变迁的成本高，且“搭便车”的现象严重；二是制度变迁的强度弱，容易错过制度变迁的最佳时机；三是制度供给不足。

4）诱致性-突进式制度变迁形式

这种制度变迁组合形式从制度变迁的整个过程来看，以诱致性制度变迁为主体，在单个制度安排上有突进式的表现。这种制度变迁形式通常在核心制度的安排上采用突进式制度变迁的形式，在配套制度的安排上采用诱致性制度变迁的形式。其主要优点有：一是制度内生需求充分，制度安排实施的阻力小、成功概率高；二是制度安排具有可逆性，便于对其进行适当地修正和调整。其主要缺点是：一是容易导致核心制度安排的脱节；二是制度变迁的时间长、变迁的成本高。4 种制度变迁组合形式的对比如表 5-1 所列。

表 5-1　4 种制度变迁组合形式的对比

组合形式	优　点	缺　点
强制性-渐进式制度变迁	有一定的调整余地、摩擦成本低、不会引起大的社会震荡	寻租的可能性增加、制度变迁强度不够、制度内生需求缺失
强制性-突进式制度变迁	制度变迁速度快、力度和强度大、能够节约制度实施成本	制度脱节、容易引起社会震荡、具有不可逆性
诱致性-渐进式制度变迁	社会震荡小、内生需求充分、成功概率高	制度变迁的时间长、成本高、强度弱、制度供给不足
诱致性-突进式制度变迁	内生需求充分、成功概率高、具有可逆性	制度变迁时间长、成本高、核心制度容易脱节

5.2　武器装备建设发展模式建立的依据

纵观世界发达国家武器装备建设的发展历程，无一不经历了长期的制度变革，可以说制度变迁是世界发达国家推动武器装备建设与时俱进、持续创新发展的重要途径与手段。通过对武器装备建设旧制度的变革以及新制度的建立，可以打破武器装备市场固有的利益藩篱，诱发新的利益格局。因此，运用制度变迁理论对武器装备建设发展进行剖析，能够为科学合理地构建发展模式提供理论依据。

5.2.1 我国武器装备建设制度变迁的特殊性

近年来，我国武器装备现代化建设得到快速发展，为实现强军梦、强国梦奠定了基石。但在总结成就的同时，不得不正视发展中存在的问题。由于武器装备的特殊商品属性，以及我国武器装备市场传统运行模式根深蒂固的影响，使我国武器装备建设制度变迁推进较为缓慢，制度变革不彻底，存在旧制度的路径依赖和新制度的供给不足等问题，并由此导致制度过剩与制度短缺、政府越位与政府缺位等现象层出不穷。因此，结合我国特殊国情与军情，对武器装备建设制度变迁的特殊性进行分析，对于准确把握发展中存在的问题，建立有效的发展模式具有重要意义。

1. 武器装备的特殊商品属性对制度变迁的影响

武器装备作为一种商品，具有商品最基本的属性，即使用价值和价值。但是，武器装备又具有诸多与一般商品的不同之处，主要表现在：一是国家统一对武器装备的生产、分配、流通和使用进行管理；二是武器装备如同其他军品消费一样，不直接为社会再生产提供生产要素，只体现为一定的军事实力；三是国防和战争是制约武器装备生产和消费的直接因素。武器装备的特殊商品属性决定了武器装备建设以指令性计划为主导，这使武器装备建设具有浓郁的政治色彩。因此，人们在谈到武器装备建设时首先想到的是政治问题，一旦上升到政治高度，会使装备采购部门、生产部门以及民口企业在装备建设发展过程中瞻前顾后，以确保不犯政治性错误。这种思想状态，使国家在武器装备建设制度变迁中所持的谨慎态度远远超过其他行业，对于打破武器装备建设传统束缚，进一步促进武器装备市场开放，引入负熵流十分不利。

2. 政府和军队设置制度变迁的基本路向和准则

以政府和军队为代表的国家权力机关在武器装备建设制度创新的过程中，首要目标是维护和加强国家的政治权威，避免出现过多的公开或者潜在的反对力量，最大限度地取得社会支持，以维护武器装备建设发展的稳定性。因此，武器装备建设的相关制度变革往往偏好于采用渐进式的方式进行，以保证制度变迁的方向、速度、广度和深度沿着有利于提高武器装备建设效率的道路前进。

3. 政府和军队既是制度的需求者，又是制度的供给者

保证自身利益或效用的最大化，是制度创新主体进行制度安排的根本原

则。在争夺规则制定权这一阶段，以政府和军队为代表的国家权力机关自然而然会赢得规则制定权，并站在国家整体利益最大化的角度，制定有利于国防和军队现代化建设的制度安排。由于军工企业、民口企业、高等院校、科研院所等微观经济行为主体在参与武器装备的研制、生产与维修过程中，以追求自身利益为目的，所以政府和军队制定的制度安排并不能完全代表这些微观经济行为主体的利益，甚至起到了抑制作用。

4. 政府和军队设置武器装备市场的准入壁垒

诱致性制度变迁是微观经济行为主体为获得潜在利益，而自发倡导组织的对现行制度安排的变革。但是，武器装备建设领域的制度创新方案是国家根据军事需求和武器装备发展需求制定的，即使微观行为经济主体感知到潜在的获利机会，如果达不到军品市场的准入条件，也不能自主倡导进行制度变革，改变武器装备建设的已有秩序。政府和军队通过法律、法规和行政命令，使微观经济行为主体在武器装备市场中的制度创新活动始终控制在国家所允许的范围内。这就使武器装备市场的制度变迁具有其特殊性，即不仅强制性制度变迁通过国家的强制性措施实现，诱致性制度变迁也是在国家的约束下进行的。

综上所述，长期以来我国武器装备建设发展制度变迁以稳定性推进、渐进式发展为主。这种制度变迁是国家主导的“试错式”的渐进变迁，其好处在于能够有效控制变迁过程中的风险，不会在武器装备建设领域引起较大的波动，成功率较高，但导致武器装备建设相关变革的速度较慢、范围局限、效果不明显。

5.2.2 基于有序熵的武器装备建设制度变迁过程

有序熵是衡量武器装备建设有序程度的重要指标，制度变迁是实现武器装备建设有序发展的重要手段。有序熵对武器装备建设制度变迁形式的选择具有直接影响：当有序熵值大时，为避免有序熵的过度扩大而导致武器装备建设发展停步不前，政府和军队通常会采取强制性制度变迁，为武器装备建设发展强制性引入负熵，以抵消发展过程中自发产生的正熵；当有序熵值小时，政府和军队采取强制性措施的力度减小，微观经济行为主体自发倡导的诱致性制度变迁形式的作用逐渐增强。基于有序熵的武器装备建设制度变迁过程具体如下：

武器装备建设制度变迁过程不同于一般的制度变迁的过程，主要体现在两个方面：①弱化了政治动员阶段，这是因为武器装备建设相关制度变革是国家意志的体现，不需要进行过多的政治动员就可以将其付诸实践；②缺少了权利争夺的阶段，由于武器装备的特殊性，其研制、生产与维修保障受到国家严格的行政管控。因此，我国武器装备建设制度变迁过程包括制度观念产生阶段、制定发展规则阶段，以及规则的合法化、稳定化和复制阶段。

1. 制度观念产生阶段

当前，国际安全形势复杂多变，利益格局纠葛复杂，建设强大国防，加快武器装备现代化建设成为发展社会经济、保障国家安全的重要支撑。随着科学快速发展、技术迭代周期缩短，武器装备建设周期长、资金投入大、体系化程度不高、信息化程度不够、高精尖技术储备不足等问题日益突出，亟需采取更为彻底的制度变革，打破武器装备市场隐形的“玻璃门”，引入社会优势资源，推动武器装备的技术创新与升级换代。长期以来，国家和军队对武器装备建设制度变革进行了诸多有益的探索与尝试，但由于相关制度变革较为平和，对旧制度的冲击不大，武器装备市场开放程度相对不高，导致外界负熵流入较为缓慢。旧制度的束缚与跨越式发展的矛盾冲突，导致武器装备建设领域对相关制度变革的需求极为迫切，从而促使政府和军队萌发进行武器装备建设制度变革的观念。

2. 制定发展规则阶段

近年来，为进一步扩大武器装备市场的开放程度，国家从变革武器装备市场准入制度入手，颁布相关政策，为民口企业参与武器装备建设提供了渠道，也为武器装备市场与外界更充分地进行物质、能量和信息交流提供了渠道。十八大以后，以习近平同志为核心的党中央领导集体，开启了武器装备建设军民融合发展的新篇章。此后，在学习借鉴国外先进经验、结合我国的具体国情和军情的基础上，党和国家从变革管理体制、重塑运行机制、制定战略规划计划、健全政策法规体系等方面入手，通过强制性制度变迁方式对制约武器装备建设发展的关键因素进行了一系列变革，主动引入负熵流抵消发展过程中自发产生的正熵。随着我国武器装备建设现代化进程的不断推进，党和国家对相关领域的制度变革会更加有力、更加彻底，相应发展规则的出台与颁布会更加密集，对武器装备市场原有旧秩序的冲击也会更大，从而使武器装备建设在新的发展规则下有序运行。

3. 规则的合法化、稳定化及复制阶段

规则的合法化、稳定化是一轮制度变革完成的标志，制定的发展规则只有经过实践检验并得到广泛认可，才能更好地服务于实践与发展。在武器装备建设发展过程中，新制定的制度规则如果能够提高武器装备建设效益，则会被合法化、稳定化以及复制；如果不能提高武器装备建设效益，或者损害了多数参与主体的利益而产生反对观念，并且强大到足以挑战现有的制度安排时，就会产生诱致性制度变迁，从而使该项制度安排不能被合法化、稳定化以及复制。武器装备建设发展就是通过制度影响实践、实践反作用于制度的循环往复过程，得以向前推动发展。

纵观武器装备建设制度变迁的整个过程，由于参与主体的变化，导致不同时期采取的制度变迁形式不同。强制性制度变迁在我国武器装备建设制度变迁过程中发挥着重要的作用，每一次政府和军队的强制性制度改革，都会促使武器装备建设向前迈进一大步，强制性制度变迁为我国武器装备建设制度体系的形成奠定了基础。诱致性制度变迁是武器装备建设制度改革的“试金石”，对武器装备建设制度安排是否可以合法化、稳定化及复制进行检验。

5.3 武器装备建设发展模式

通过上述分析可以看出，在熵理论的作用下，我国武器装备建设经历了一系列的制度变革。在长期的制度创新过程中，既有国家主导的强制性制度变迁的形式，也有微观经济行为主体促成的诱致性制度变迁的形式。根据武器装备建设制度变迁主体的不同，本书建立了行政主导型发展模式与市场运作型发展模式具体如图 5-4 所示。

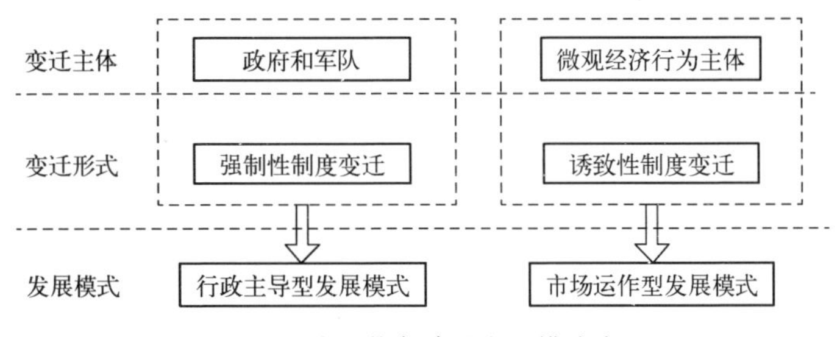

图 5-4 武器装备建设发展模式类型

行政主导型发展模式和市场运作型发展模式二者相辅相成，互不排斥、共同作用，贯穿于武器装备建设发展的整个过程。当战略规划熵、政策法规熵、管理体制熵、运行机制熵等的熵值较大时，表明发展过程中制度束缚较大，使物质、能量和信息在武器装备市场的自由流动受阻，需要采取行政主导型发展模式，通过强制性制度变革，打破发展过程中存在的制度束缚，为市场运作型发展模式发挥作用提供良好的制度环境，从而使资源因素与产业结构因素在市场机制的作用下实现优化配置与合理调整。

5.3.1 行政主导型发展模式

在武器装备建设进程中，由于战略规划、政策法规、管理体制、运行机制等制度因素的制约，导致发展过程中自发产生的熵增很大，需要国家通过强制性制度变迁打破原有的旧秩序，建立新秩序，通过主动“涨落”，诱发新的利益格局，为武器装备建设发展引入负熵。行政主导型发展模式体现了很强的国家意志，贯穿了武器装备建设发展的整个历程，通过国家的强制性制度变革，奠定了武器装备建设发展的制度基础与市场环境基础，对武器装备建设发展具有至关重要的作用。

行政主导型发展模式主要通过制度体系构建与政策引导两种方式发挥作用。其中，制度体系构建发挥基础性、主体性作用，政策引导发挥辅助性作用，其示意图如图 5-5 所示。

1. 制度体系构建

制度体系的构建是一项基础性工作，是武器装备建设发展得以顺利实施的根本保障。构建武器装备建设制度体系应当按照武器装备建设的内在规律，着眼武器装备建设发展中的突出矛盾，把握系统性、战略性和前瞻性等原则，进行科学、合理的统筹规划。制度体系构建主要包括建立武器装备建设的管理机构、运行机制以及法律法规体系等内容。

1）*管理机构建设方面*

武器装备管理体制属于上层建筑的范畴，是武器装备建设发展的组织基础和基本保证。武器装备建设管理机构服务于武器装备建设实践，由决策层、管理层、实施层等 3 个基本层次的管理机构组成。其中决策机构是指武器装备建设的顶层管理机构，主要承担武器装备建设发展的决策与领导职能，负责确定武器装备发展的基本方针政策、发展战略和总体目标、重大发展项目，决策国防科研、生产与维修保障的总体布局和规划，颁发武器装备建设发展方面的基本法律、法规，以及决定武器装备建设发展的其他重大问题等。规划计划机构主要负责对武器装备建设发展工作全面规划和组织领导，制定武器装备建设发展规划、计划，组织协调武器装备科研、生产、采购、维修保

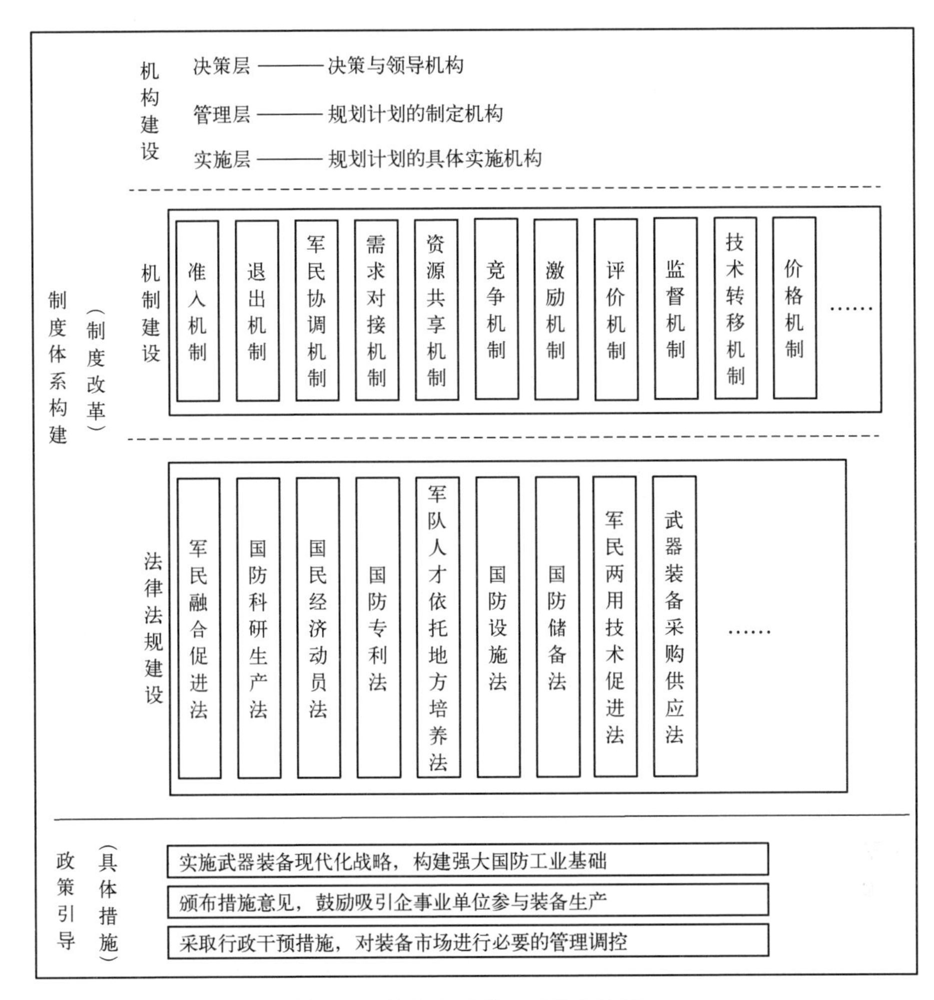

图 5-5 行政主导型发展模式示意图

障等各环节、各部门的关系，监督控制规划计划的实施等。组织实施机构的主要职能是负责武器装备建设（科研、生产、采购、维修保障等）计划、项目的组织实施。

武器装备建设管理体系是一个涉及多层次、多部门、多领域的复杂的有机整体。在管理体系的建设中，一是要打破本领域、本行业、本部门的利益束缚，改革条块分割的组织模式，综合考虑系统内部各组成部分之间的相互作用关系，运用系统性原则进行整体规划，使各组成部分能在有机系统中协调运作。二是要重视系统运行的有序性，武器装备建设管理体制呈现组织结构复杂性与表现形式多样性的特点，致使在规划武器装备建设管理体制时不能追求尽善尽美，而要着眼武器装备建设急需解决的问题，以任务为导向有重点地进行管理体制重塑。三是要鼓励管理体制创新，由于武器装备建设环境复杂，实践形式多样，各利益主体诉求不同，增强管理体制创新能力，有利于避免体制僵化引起的系统正熵。

2）运行机制建设方面

武器装备建设发展运行机制建设是一项长期的、复杂的系统工程，涵盖的内容多、涉及的范围广，需要充分调动政府、军队以及微观经济行为主体等多方的积极性，形成运行机制建设的创新合力，从全方位、多层面为机制创新与结构完善出谋划策。

武器装备建设发展运行机制属于助发型机制，即相关机制不是自发形成的，而是根据武器装备建设规律与市场运行规律，人为地有目的地建设而形成的机制，具体内容包括：属于组织实施机制类型的准入机制、退出机制、资源共享机制、竞争机制、激励机制、技术转移机制、价格机制；属于需求形成机制类型的沟通协调机制、需求对接机制；属于监督机制类型的评价机制、监督机制等。运行机制的建立健全对于打破武器装备市场封闭的运行环境、实现资源共享、建立良好的市场秩序具有重要作用。

在武器装备建设运行机制建设中，要着重把握以下几点：一是合理设置机制运行程序。运行程序是机制发挥作用的基本步骤与根本方式，要根据武器装备建设的特点与市场运行的规律，科学分析相关机制的作用机理、合理设置运行程序，达到简化流程、提高相关机制的运行效率的目的。二是加强机制间的协同性，武器装备建设发展是在一系列运行机制的规范作用下运行的，而这些运行机制彼此之间存在相互影响、相互制约的关系，它们共同作用构成了武器装备建设运行机制体系，只有加强机制间的协同性才能使运行机制体系形成有序结构，使彼此之间能够协调一致、共同促进武器装备建设有序发展。三是要循序渐进地推进运行机制建设，运行机制体系内容丰富、形式繁杂，决定了运行机制建设是一项长期艰巨的任务，不可能一蹴而就，需要根据武器装备建设发展的现实情况，有计划、有重点、分步骤地进行建设与完善，使机制建设与武器装备建设发展相同步。四是要加强机制的经常性建设，运行机制的建设要与武器装备建设的实际发展情况相适应。不同的发展阶段对武器装备市场制度规范的要求不同，使得对同一机制的运行程序设置不同，这就要求紧贴武器装备建设发展的现实需求，加强机制的经常性建设，使其在重塑过程中得以完善。

3）*法律法规体系构建方面*

科学完备的法律法规体系是武器装备建设发展的重要保障，是提高武器装备建设有序程度的重要前提和基础。加强武器装备建设法律法规体系建设，需要建立专门机构负责装备建设法规体系建设的组织领导和规划计划、立法实施、服务监督等重大事项决策问题。武器装备建设法律法规体系建设，要按照加强顶层法律建设、制定专项法规的原则，构建层次分明、系统协调的法律法规体系。

加强和完善顶层法律建设是加速武器装备建设发展的关键。我国武器装备建设发展应尽快制定具有主导和支撑作用的《武器装备采购供应法》，明确武器装备建设发展的目的意义、地位作用、指导思想、基本原则、职能任务、工作程序、体制机制、奖励惩处等，以及国家、政府、军队、企业和社会各系统、各单位、各部门的权利、义务等内容，作为我国武器装备建设发展的国家层面基本法律，以及相关活动的最高法律依据和遵循，推动武器装备采购管理方式从主要依靠行政手段向依靠行政、经济、法律相结合的方式转变，推动建立符合社会主义市场经济要求、体现武器装备建设发展特点规律、协调顺畅的武器装备采购运行机制，促进武器装备建设战略发展的有效实施。推进《国防科研生产法》的制定，用于规范政府、军队和企业在国防科研生产活动中的法律地位。

同时，还要加强专项法规建设，对武器装备建设发展中的保密安全、“民参军”、成果转化、国防采购、标准化制度、军民两用技术发展规划等具体问题进行规范、指导。如建立涵盖武器装备建设各个方面的配套法规，为相关经济活动的开展提供具体指导。

综上所述，武器装备建设制度体系的构建既是行政主导型发展模式的重要手段，也为我国国防和军队现代化建设发展奠定了基础。一方面，它将武器装备建设发展的规划计划置于有效的管理之下，使其在高效的运行机制以及完善的法律保障之下，得以快速落实与推进；另一方面，它为武器装备市场与外部进行物质、能量和信息交流提供了高效规范的途径，通过制度体系建设为武器装备建设发展强制性引入负熵，使其朝着健康有序的方向快速推进。

2. 政策引导

武器装备建设的政策引导体现在政府对其进行管理调控的各个方面，具体如下：

1）提出武器装备建设军民融合发展战略，促进国防实力和经济实力同步提升

为实现富国与强军的统一发展，以习近平同志为核心的党中央领导集体，在深刻总结我国武器装备建设与经济建设协调发展规律的基础上，提出了武器装备建设军民融合发展战略，从战略层面将武器装备建设发展战略融入到国家发展战略之中，为未来武器装备建设的发展指明了前进的道路与方向，有利于军地双方在思想上形成合力，相互协调、共同促进。

2）颁布措施意见，为武器装备建设实践提供具体指导

武器装备建设发展的相关措施意见具有针对性强、形式灵活等特点。在武器装备建设发展的不同时期，国家有关部门和军队会根据发展实践中存在的具体问题适时地颁布相应的措施意见。这些措施意见对于解决武器装备建设实践中遇到的突出矛盾与问题发挥了积极的作用，例如，颁布《关于非公有制经济参与国防科技工业建设的指导意见》，对鼓励和吸引民口企业参与武器装备建设、丰富武器装备市场竞争主体具有重要的意义。

3）采取行政干预措施，对武器装备市场进行必要的管理调控

行政干预是国家管理经济发展的一种特殊方式，在武器装备建设发展过程中，国家通过直接的行政干预能够快速达到某种发展目的。例如，在某些武器装备建设领域，由于保密性高、研制与安全生产的风险大，导致行业垄断性强，仅依靠市场化手段无法达到良好的融合效果，需要国家采取措施进行直接的行政干预；为降低武器装备采购风险，规定选择两家或者两家以上的承制单位参与武器装备的研制与生产；为培育更多的市场竞争主体，装备采购部门在采购过程中，可把从民口企业进行装备采购的比例写进合同，为民口企业参与装备建设提供更多的机会，等等。

5.3.2 市场运作型发展模式

1. 市场运作型发展模式的作用原理

市场运作是经济活动的重要载体，也是资源配置的基本方式，对调节经济活动中不同主体之间的相互关系发挥着重要作用。加快武器装备建设现代化，需要充分整合社会优势资源。武器装备建设发展的理想状态，是在国家的宏观调控下，通过市场机制实现军地资源的优化配置，使经济社会中的多元投资、多方技术、多种力量在利润和效益的导向作用下向武器装备建设领域聚焦，从而推进武器装备建设与经济社会发展的有效融合。

市场作为一种自组织机制，通常包括市场体系、市场机制和市场秩序3个方面。其中，市场作用直接产生市场机制，市场体系是市场机制存在和发挥作用的载体和舞台，而市场秩序决定市场机制能否有效发挥作用。在武器装备建设发展中，健全的市场体系、有效的市场竞争、规范的市场秩序是市场运作型发展模式充分发挥作用的必要条件，这是因为：一是健全的市场体系不仅能够为武器装备需求方和供给方提供有效的交易手段和交易形式，而且能够使军地资源在统一的市场规则下自由流通，保证武器装备市场处于动态的、开放的发展进程之中，形成“耗散结构”，从而促使武器装备建设向更广宽度、更深程度发展。二是有效的市场竞争能够充分发挥竞争机制的优胜劣汰作用，促使有限的武器建设资源由劣势企业和行业向优势企业和行业转移，从而提高资源的利用水平和武器装备的建设效率。三是规范的市场秩序能够使参与主体的经济行为有章可循，从而保证相关经济活动的公平性。

2. 市场运作型发展模式的具体作用方式

在市场运作型发展模式中，一方面，政府应尽量避免采取直接的行政干预措施，只对武器装备建设进行宏观调控，由军方通过合同约束与过程监督，对武器装备建设发展的相关活动进行管理。另一方面，在武器装备承研、承制、承修单位的选取过程中，积极发挥竞争机制的优胜劣汰作用，最大限度地实现经济有效性作用。同时，还要突出军方作为武器装备基本用户的地位与作用，通过需求牵引，使军地资源向武器装备建设的重点领域聚焦。市场运作型发展模式的示意如图5-6所示。

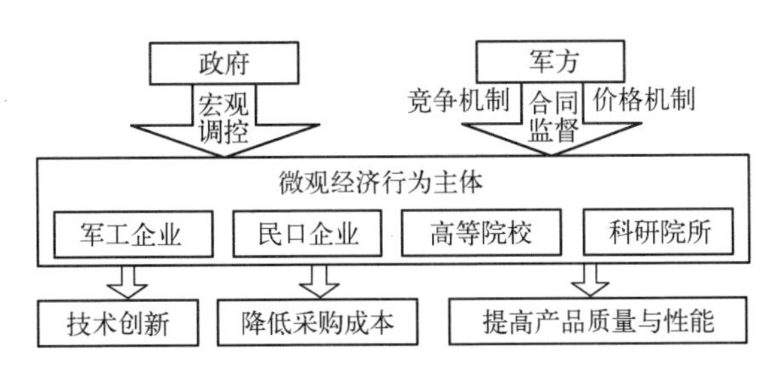

图5-6　市场运作型发展模式示意图

市场运作型发展模式主要是通过市场机制的利润和效益导向实现资源的优化配置发挥作用的。在市场机制中，供求机制是调节市场供求关系的机制，价格机制是市场价格形成与运行的机制，竞争机制是各经济主体相互竞争、优胜劣汰的机制，风险机制是企业经营运行的约束机制。由于武器装备的需求与供给受国家严格的行政管控，因此在武器装备市场中市场机制不能完全发挥其作用形式，主要表现在价格机制与竞争机制两方面：

1）通过价格机制引导资源整合，提高资源整合效率

在传统的武器装备建设发展模式中，武器装备价格由供需双方协商确定，不符合市场经济中价格的形成规律。通过价格机制对武器装备的市场价格进行调控，可以优化军民两地资源配置，减少资源的浪费，降低武器装备的采购成本。另一方面，在武器装备建设过程中，军方作为买方，对相关市场信息掌握的越准确越全面，越能节省采购经费、提高武器装备采购效率。但是，在现实的武器装备建设中，军方无法准确掌握市场的全部信息，只能做到有限理性。以价格体系为主要内容的信息结构，可以改变以往计划经济信息纵向传导的方式，通过横向的价格比较为军方提供更多的有效信息，从而使经济资源得到合理配置。

2）充分发挥市场竞争机制的作用，提高武器装备建设效率

在武器装备建设发展中，有效的竞争机制不仅能够筛选出质量可靠、技术先进、信誉良好的企业参与武器装备建设，而且能够激发企业进行技术创新、制度创新的热情。追求经济利益最大化是企业从事生产活动的最终目的，而实现利益最大化必须通过市场交易来完成。在武器装备建设中，相关企业为了获得武器装备的承研、承制、承修任务，就必须在生产技术、产品结构和组织管理等方面不断进行创新，以降低生产成本、提高产品质量，从而使企业在竞争中获得优势、实现最终利益。

5.4 基于有序熵的武器装备建设发展模式选择

由于武器装备建设发展是一个复杂巨系统，难以对其做出精确化描述，适当地运用模糊语言反而更容易解决问题。模糊集合概念是由美国加利福尼亚大学查德教授在1965年首次提出的，在此基础上形成了模糊数学概念。虽然模糊数学运用的工具和方法简单，但实践证明其采用的方法比较接近人脑思维，在实际应用中具有很好的效果。

构造正确的隶属函数是应用模糊数学解决问题的关键。隶属函数的具体概念如下：如果对于论域 U 中的任一变量 x，都有 $f(x) \in [0,1]$，则称 f 为论

域 U 上的模糊集，$f(x)$ 为 x 对 f 的隶属度。当 x 在 U 中取值变化时，$f(x)$ 就是一个函数，称为 f 的隶属函数。用隶属函数 $f(x)$ 的取值表示变量 x 属于 f 的程度，当 $f(x)$ 的取值越接近于 1 时，表示 x 属于 f 的程度越高；当 $f(x)$ 的取值越接近于 0 时，表示 x 属于 f 的程度越低。

假设武器装备建设发展选用的模式用 A 表示，$A=(a_1,a_2)$，$a_1+a_2=1$，其中：a_1 为隶属于行政主导型发展模式的程度；a_2 为隶属于市场运作式发展模式的程度。

5.4.1 行政主导型发展模式的隶属函数

根据前文对行政主导型发展模式与市场运作型发展模式有序熵值特点的分析，可以知道在有序熵值大时，隶属于行政主导型发展模式的程度大，随着有序熵值的减小，隶属于行政主导型发展模式的程度随之逐渐减小，隶属于市场主导型发展模式的程度逐渐增强。基于此变化原理，构建行政主导型发展模式的隶属函数和市场运作型发展模式的隶属函数。

在构建隶属函数前，需要对相关临界点进行合理假设。通过查阅文献资料、数据调研以及进行咨询专家得到的，对临界点取值的具体处理方式如下：

1. 有序熵值临界点的取值

根据第 4 章武器装备建设发展有序熵评价指标体系的评分标准，假设当指标体系中各项指标评分均达到 85 分以上（包括 85 分），有序熵值 $S\leqslant 0.25$ 时，表示武器装备建设有序发展的状态基本形成，政府和军队应减少对市场的行政干预，充分发挥市场机制的调节作用；当指标体系中各项指标评分均低于 55 分，有序熵值 $S\geqslant 0.9$ 时，表示各项指标建设水平为非常不好，武器装备建设需要依靠政府和军队采取强制性制度变革推动其向前发展。

2. 隶属度临界点的取值

假设与民口企事业单位签订合同的渠道主要包括竞争性采购和计划安排两种方式，则隶属度临界点的取值=计划安排给民口企事业单位的合同额/当年与民口企事业单位签订的合同总额。由于数据获取困难，本书通过咨询相关领域专家进行合理假设，当有序熵值 $S\geqslant 0.9$ 时，假设当年计划安排给民口企事业单位的合同额占当年与民口企事业单位签订合同总额的 80%，当有序熵值 $S\leqslant 0.25$ 时，假设当年计划安排给民口企事业单位的合同额占当年与民口企事业单位签订合同总额的 10%。

根据上述假设条件，以及有序熵值变化对发展模式选择的影响，可以得到行政主导型发展模式的隶属度函数曲线如图 5-7 所示。

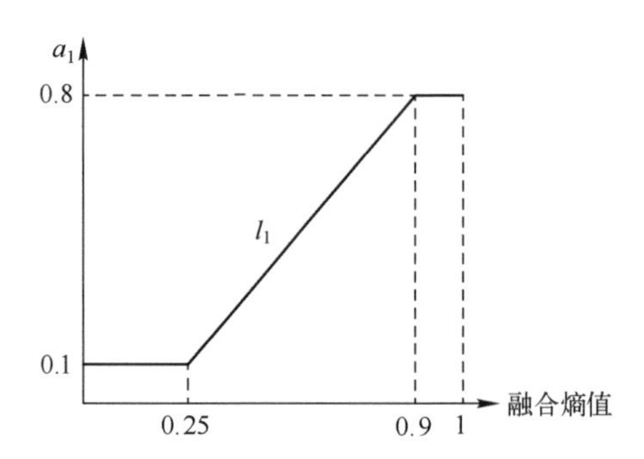

图 5-7 行政主导型发展模式的隶属度函数曲线

图 5-7 中，直线 l_1 经过点（0.25，0.1）和点（0.9，0.8），根据直线方程 $a_1=kS+b$，可以解得 $k=\frac{0.8-0.1}{0.9-0.25}=\frac{14}{13}$，将点（0.25，0.1）代入方程 $a_1=\frac{14}{13}S+b$ 中，可以解得 $b=-\frac{11}{65}$。由此，可以得到行政主导型发展模式的隶属度函数为

$$
\begin{cases}
a_1=0.1, & 0\leqslant S\leqslant 0.25\\
a_1=\frac{14}{13}S-\frac{11}{65}, & 0.25<S<0.9\\
a_1=0.8, & 0.9\leqslant S\leqslant 1
\end{cases}
\tag{5-1}
$$

式（5-1）的具体涵义如下：当有序熵值介于 0 至 0.25 之间时，隶属于行政主导型发展模式的程度为 0.1；当有序熵值介于 0.25 至 0.9 之间时，将有序熵值代入公式 $a_1=\frac{14}{13}S-\frac{11}{65}$，计算得到隶属于行政主导型发展模式的程度；当有序熵值介于 0.9 至 1 之间时，隶属于行政主导型发展模式的程度为 0.8。

5.4.2 市场运作型发展模式的隶属函数

根据假设条件以及有序熵值变化对发展模式选择的影响，可以得到市场运作型发展模式的隶属度函数曲线如图 5-8 所示。

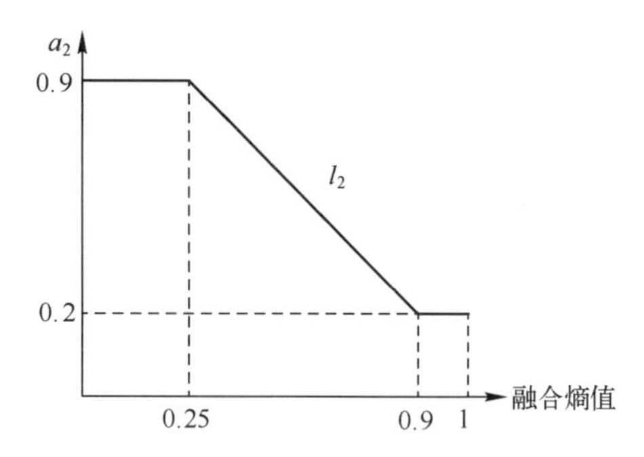

图 5-8 市场运作型发展模式的隶属度函数曲线

图 5-8 中，直线 l_2 经过点（0.25，0.9）和点（0.9，0.2），根据直线方程 $a_2=kS+b$，可以解得 $k=\frac{0.9-0.2}{0.25-0.9}=-\frac{14}{13}$，将点（0.25，0.9）代入方程 $a_2=-\frac{14}{13}S+b$ 中，可以解得 $b=\frac{76}{65}$。由此，可以得到市场运作型发展模式的隶属度函数为

$$\begin{cases} a_2=0.9, & 0\leqslant S\leqslant 0.25 \\ a_2=-\frac{14}{13}S+\frac{76}{65}, & 0.25<S<0.9 \\ a_2=0.2, & 0.9\leqslant S\leqslant 1 \end{cases} \tag{5-2}$$

式（5-2）的具体涵义如下：当有序熵值介于 0 至 0.25 之间时，隶属市场运作型发展模式的程度为 0.9；当有序熵值介于 0.25 至 0.9 之间时，将有序熵值代入公式 $a_2=-\frac{14}{13}S+\frac{76}{65}$，计算得到隶属于市场运作型发展模式的程度；当有序熵值介于 0.9 至 1 之间时，隶属于市场运作型发展模式的程度为 0.2。

5.5 武器装备建设发展的实现路径

合理选择发展模式是促进武器装备建设深度发展的关键，是提高武器装备建设有序程度的重要驱动力。图 5-9 为武器装备建设发展模式选择的隶属函数曲线。

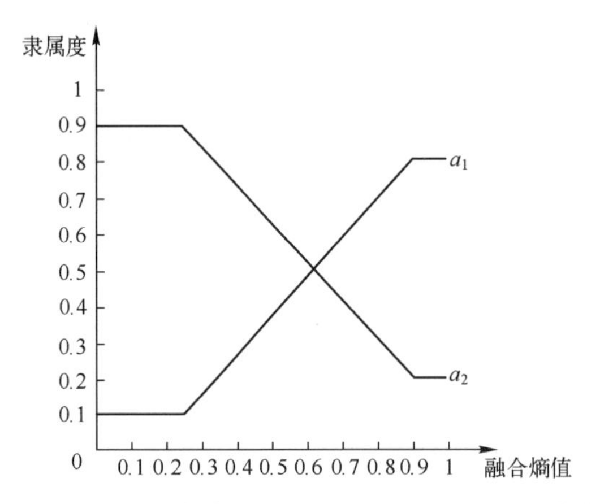

图 5-9　武器装备建设发展模式选择的隶属函数曲线

根据武器装备建设发展模式选择的隶属函数计算公式，解联立方程组 $\begin{cases} a=\dfrac{14}{13}S-\dfrac{11}{65} \\ a=-\dfrac{14}{13}S+\dfrac{76}{65} \end{cases}$，可以得到曲线 a_1 和 a_2 的交点为（0.6214，0.5）。

根据隶属函数曲线，可将武器装备建设发展路径规划为如下 4 个阶段：①当有序熵 $S>0.9$ 时，选取行政主导型发展模式，此阶段市场运作型发展模式几乎不发挥作用，主要靠国家采取行政手段对武器装备建设发展进行调节；②当有序熵 $0.6214\leqslant S\leqslant 0.9$ 时，选取以行政主导型发展模式为主，市场运作型发展模式为辅的发展路径，此阶段在国家强制性制度变迁的作用下，有序熵值不断减小，武器装备建设有序程度不断提高，市场运作型发展模式逐步发挥作用；③当 $0.25\leqslant S<0.6214$ 时，选取以市场运作型发展模式为主，行政主导型发展模式为辅的发展路径，此阶段国家继续通过强制性制度变迁对武器装备建设的制度体系进行完善，有序熵值进一步减少，在相对有序的制度环境中，市场运作型发展模式的作用不断增强，逐步占据主导位置；④当 $S<0.25$ 时，选取市场运作型发展模式，此阶段由国家主导的强制性制度变革基本完成。武器装备建设发展路径的具体演化过程如图 5-10 所示。

图 5-10 中，以对角线为界，右上半部分表示隶属于行政主导型发展模式的程度，左下半部分表示隶属于市场运作型发展模式的程度，这两部分的加和值恒为 1。本书所规划的发展路径实际上是对武器装备建设发展模式的动态

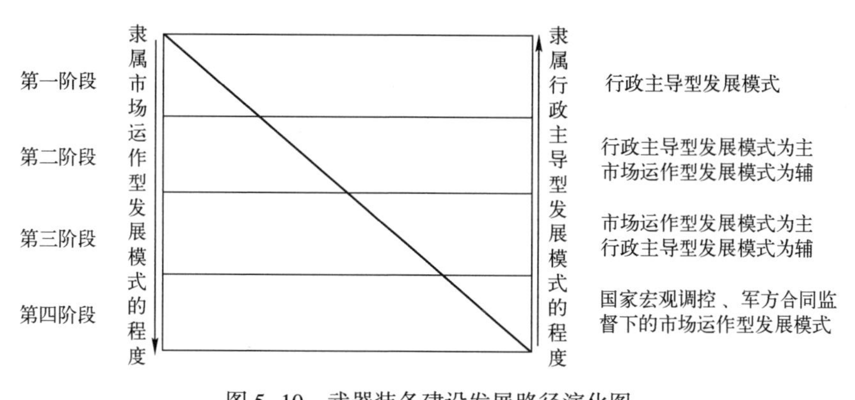

图 5-10 武器装备建设发展路径演化图

选择过程，即在武器装备建设发展不同阶段中，分别应选用何种发展模式才能实现“最优速”发展。

武器装备建设发展路径演化图描述了我国武器装备建设发展的一般路径，但是由于在我国武器装备建设发展实践中，不同行业领域的市场开放程度不同，武器装备建设的有序程度也不同，导致选取路径的起点不同。

5.6 案例分析

以第 4 章某航空装备维修领域为例，对武器装备建设发展模式选择的过程进行分析。根据第 3 章的计算结果可知，该航空装备维修领域的有序熵值 S 为 0.568。根据式（5-1）与式（5-2），由于 S 的取值为 0.568 介于 0.25 与 0.9 之间，所以计算行政主导型发展模式隶属度时，选用公式 $a_1=\frac{14}{13}S-\frac{11}{65}$，得到 a_1 的取值为 0.4425，则隶属于行政主导型发展模式的程度为 0.4425；计算市场运作型发展模式时，选用公式 $a_2=-\frac{14}{13}S+\frac{76}{65}$，得到 a_2 的取值为 0.5575，则隶属于市场运作型发展模式的程度为 0.5575。

从上述计算结果可以看出，在现有发展基础上，该航空装备维修领域隶属于市场运作型发展模式的程度要大于隶属于行政主导型发展模式的程度。因此，根据最大隶属度原则，该航空装备维修领域建设发展应重点采用市场运作型发展模式，辅以行政主导型发展模式，即在发展过程中，一方面军方要进一步突破传统维修保障模式的束缚，充分发挥价格机制和竞争机制的调节作用，对军地维修保障资源进行优化配置，使维修保障任务向技术水平高、服务质量好的企业聚集。另一方面，要继续加强对制度体系中薄弱环节的建设，进一步消除制度障碍，为市场运作型发展模式的有效开展提供更好的制度环境，从制度建设和市场机制调节两个角度同时发力，共同提高该领域维修保障能力水平。

根据上述分析可知，该航空装备维修领域建设发展处于路径的第三阶段，应在进一步健全与完善制度体系建设的同时，尽可能地运用市场机制的调节作用对军地资源进行优化配置。因此，不同的行业领域需要根据自身发展实际，科学评价、合理判断所处的发展阶段，选择合适的路径起点。

第6章 基于有序熵的武器装备建设发展路径优化

武器装备建设发展涉及发展战略规划、政策法规制定、管理机构设置、运行机制建立、资源分配利用以及产业结构调整等多方面的内容，是一个复杂的、动态发展的复杂巨系统。系统内部各要素之间，以及系统与环境之间的关系复杂，且在发展过程中存在动态反馈过程，对于科学规划武器装备建设发展路径提出了挑战。系统动力学是将系统科学理论与计算机仿真紧密结合、研究系统反馈结构与行为的一门科学，它以定性分析为先导，定量分析为支持，通过系统分析、综合推理等方法对复杂问题进行研究，可作为研究复杂大系统的“实验室”。本章运用系统动力学的理论与方法，从武器装备建设发展的基本结构出发，充分考虑系统内部各要素之间以及系统与环境之间的关系，构建基于有序熵的武器装备建设发展的系统动力学模型，为科学优化武器装备建设发展路径提供新的思路。

6.1 基础理论

6.1.1 系统动力学简介

系统动力学（system dynamics，SD），是美国麻省理工学院 Jay W. Forrester 教授于 1956 年提出的，是一门分析研究信息反馈系统的学科，也是一门认识系统问题和解决系统问题的交叉性、综合性的学科，其研究对象是开放系统。

系统动力学可以对复杂社会问题的体系结构、因果关系进行详细分析，将复杂问题流程化，并利用反馈、调节和控制原理设计反映系统行为的反馈回路，最终建立计算机仿真模型。在构建系统动力模型时，要对系统的结构进行详细分析，找出系统各要素之间的因果关系，这是建立模型的依据与关键所在。

运用系统动力学解决复杂系统问题的过程可分为 5 步：①系统分析，主要任务是收集数据、分析问题、明确所要解决的问题、确定系统边界；②系统结构分析，主要任务是划分系统的层次与子块，分析系统变量、变量间的关系，以及系统的反馈机制，明确回路及回路间的反馈耦合关系；③建立数学模型，主要任务是明确决策规则，建立数学方程；④模型模拟与决策分析，主要任务是进行模型模拟与决策分析，寻找解决问题的决策，付诸实践，发现新的矛盾与问题，修改模型；⑤模型的检验与评估，这一步骤中的相当一部分内容是分散在上述其他步骤中进行的。

6.1.2 建模思路

在国防和军队现代化战略的引领下，武器装备市场打破原来封闭运行的状态，逐步向动态的、开放的系统过渡，与外部环境的物质、能量和信息交流不断增加。在这一过程中，交换结果又以信息流的形式形成反馈回路，反作用于武器装备建设发展决策。因此，建立武器装备建设发展的系统动力学模型，有助于更好地理清发展过程中各关键因素之间，及其与外部环境之间的关系，揭示发展过程中存在的反馈调节结构。主要过程与步骤如图 6-1 所示。

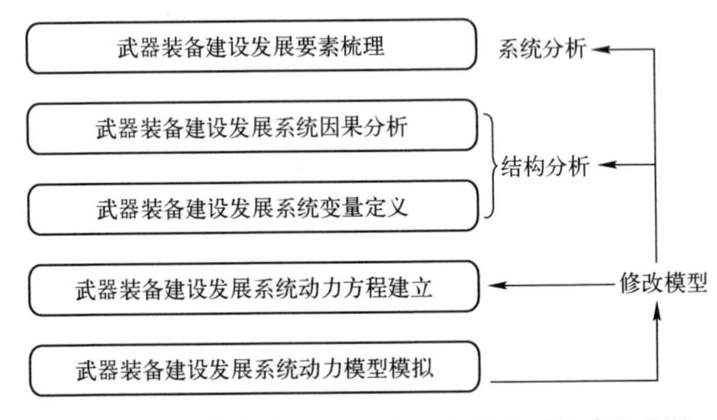

图 6-1　武器装备建设发展系统动力学模型构建流程图

（1）要素梳理。梳理影响武器装备建设发展的因素。

（2）因果分析。分析影响武器装备建设发展系统内部各种因素之间的相互关系、作用机理，构建反馈回路，厘清武器装备建设发展的反馈、调节和控制原理。

（3）变量定义。定义武器装备建设发展系统的相关变量，为构建系统动力学方程奠定基础。

（4）建立方程。根据武器装备建设发展系统因果关系和系统变量，构建武器装备系统动力学方程。

（5）模拟仿真。根据系统动力学方程，分析不同影响因素对系统发展的影响程度，为科学谋划不同领域武器装备建设发展提供参考借鉴。

6.2　武器装备建设系统动力学模型构建

6.2.1　系统分析

在武器装备建设发展大系统中，每一个参与主体都有自己不同的特点，且在系统运行过程中，彼此之间会产生相互影响。因此，建立武器装备建设发展系统模型是一个动态调整、进化的过程。通过第3章的分析可以看出，影响武器装备建设发展的因素非常多，但模型具有抽象性，是对现实的概括化与抽象化描述，不能涵盖现实中的所有因素。因此，为了简化系统模型，通过因子分析法去除因素之间的相关性，得到战略规划、政策法规、管理体制、运行机制、资源与产业结构等6类关键因素，用以构建武器装备建设发展系统动力学模型。其中，战略规划因素决定前进的目标与方向；政策法规因素明确参与主体的权利与义务；管理体制因素制约规划计划的落实；运行机制因素规范参与主体的经济行为；资源因素体现物质基础的丰富程度；产业结构因素体现国防科技工业的健壮性。这六大因素相互影响、不断耦合，共同促进武器装备建设发展。武器装备建设发展的系统结构如图6-2所示。

6.2.2　模型假设

（1）影响武器装备建设发展的因素很多，在本书中，仅考虑战略规划、政策法规、管理体制、运行机制、资源与产业结构等6类关键因素，其他因素暂不考虑。

（2）影响因素对武器装备建设发展的反馈调节十分重要，本书不考虑其具体的反馈调节过程，仅选用有序熵评估结果作为控制决策的依据。

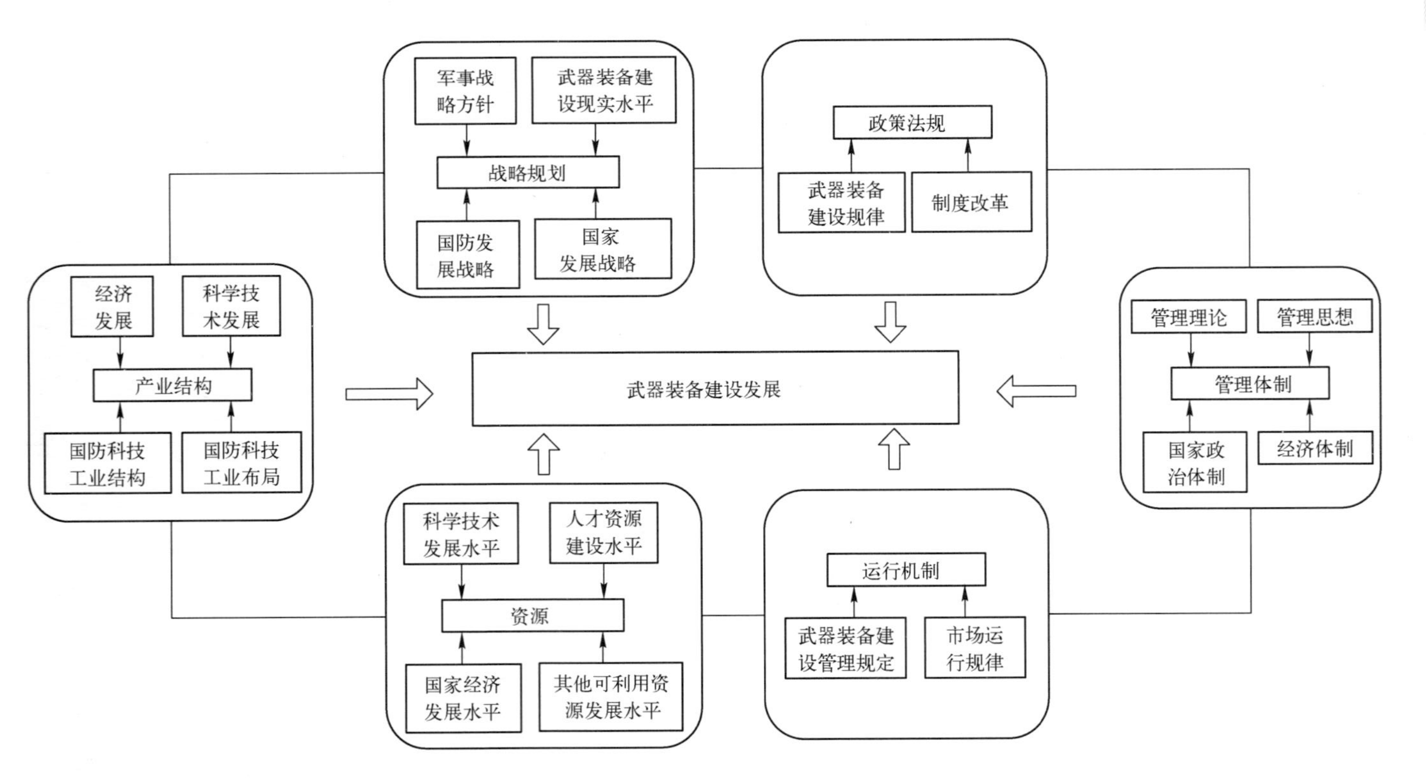

图 6-2　武器装备建设发展的系统结构图

6.2.3 因果关系分析

在系统动力学中，因果关系可以概括为元素之间的联系或关系。因果关系图是表示复杂系统反馈结构的重要工具，对武器装备建设发展进行因果关系分析，绘制因果关系图是构建武器装备建设发展系统动力模型的研究基础。

从系统动力学的观点看，武器装备建设发展是一个负反馈系统。具体反馈回路为：武器装备建设发展有序熵的影响因素—武器装备建设发展有序熵—与理想熵值的差距—武器装备建设发展有序熵控制策略—武器装备建设发展有序熵的影响因素。当武器装备建设发展各影响因素的熵值增大时，会使有序熵总值增大，进而增大与理想熵值的差距；差距越大，越能激励政府、军队采取措施，进行制度变革，减小熵值，提高武器装备建设发展有序程度，这样循环往复，直到达到有序发展的最佳状态。

在武器装备建设发展过程中，政府、军队要密切关注武器装备建设发展的动态变化。而有序熵是衡量武器装备建设发展有序程度的重要指标，只有使有序熵值减小，接近或达到理想熵值，才能加快武器装备建设现代化。武器装备建设发展的因果关系如图 6-3 所示。

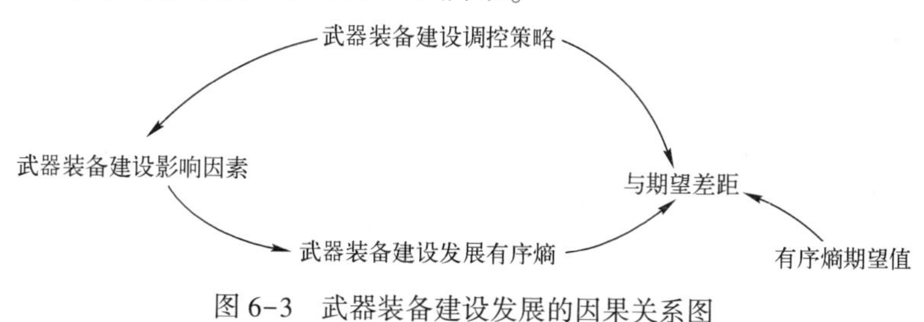

图 6-3　武器装备建设发展的因果关系图

6.2.4 系统流图构建

因果关系图虽然能够直观地描述武器装备建设发展体系各种影响要素之间的相关性和反馈机制，但对变量的性质、系统的管理与控制过程却无法准确描述，需要运用系统流图定量化的特性进行更加精准的描述。因此，可以把系统流图看作是因果关系图的扩展。构建武器装备建设发展多层次、多节点、多回路的系统流图，能够对各影响因素的作用机理进行再现，以便更加准确地反映影响因素相互之间的作用关系。

系统流图是构造系统方程式的依据。在系统流图中，存量是系统的状态变量，也是累积量，用于表征系统的状态；流量是速率变量，用于表征存量变化的速率；辅助变量是中间变量，在系统中起辅助作用，用来描述决策过程中状态变量和速率变量之间的信息传递和转换过程；常量是研究期间保持不变或者变化甚微（可忽略不计）的量。在系统动力学模型中，还存在物质流和信息流两种独立的流。物质流是指系统中流动的物质，具有守恒的性质。信息流是连接存量和流量的信息通道，是不守恒的。物质流与信息流都具有延迟现象。系统流图是在因果关系图的基础上绘制的，对系统物质流、信息流和反馈作用等进行明确表示，为建立系统动力学方程提供了蓝图。

为进一步量化武器装备建设发展体系内变量间的关系，在对系统动力学特性和因果关系分析的基础上，建立武器装备建设发展的系统流图，如图 6-4 所示。

6.2.5 系统动力学方程

因果关系图与系统流图定性地描述了武器装备建设发展体系结构的整体框架，而建立系统动力学方程则可以定量地描述体系中各要素之间的关系。系统动力学方程的实质是带时滞的差微分方程，可以分为状态方程、速率方程和辅助方程三类。状态方程是表述存量变化的方程，是基本方程；速率方程是表述单位时间中流量变化的方程，是调节存量变化的规则；辅助方程对辅助变量的变化进行了描述，用以简化决策过程。

用 L 表示状态方程，用 R 表示速率方程，用 A 表示辅助方程，用 t 表示时间，则三类方程的具体表达形式如下所示：

状态方程 L：$L_{t+1}=L_t+R\times\Delta t$，其中 L_t 为当前武器装备建设发展有序熵值，L_{t+1}为在 $t+1$ 时刻的装备建设有序熵值；

速率方程 R：$R=\frac{s_{t+1}-s_t}{AT}$，其中 s_t 为影响因素当前熵值，s_{t+1}为影响因素在 $t+1$ 时刻的熵值，AT 为调节时间；

辅助方程 A：$A=L_A-L_E$，其中 L_A 为实际值，L_E 为理想值。

6.3 武器装备建设发展模型仿真与结果分析

6.3.1 仿真背景

以第 4 章中某航空装备维修领域建设发展为案例，对其发展趋势进行模

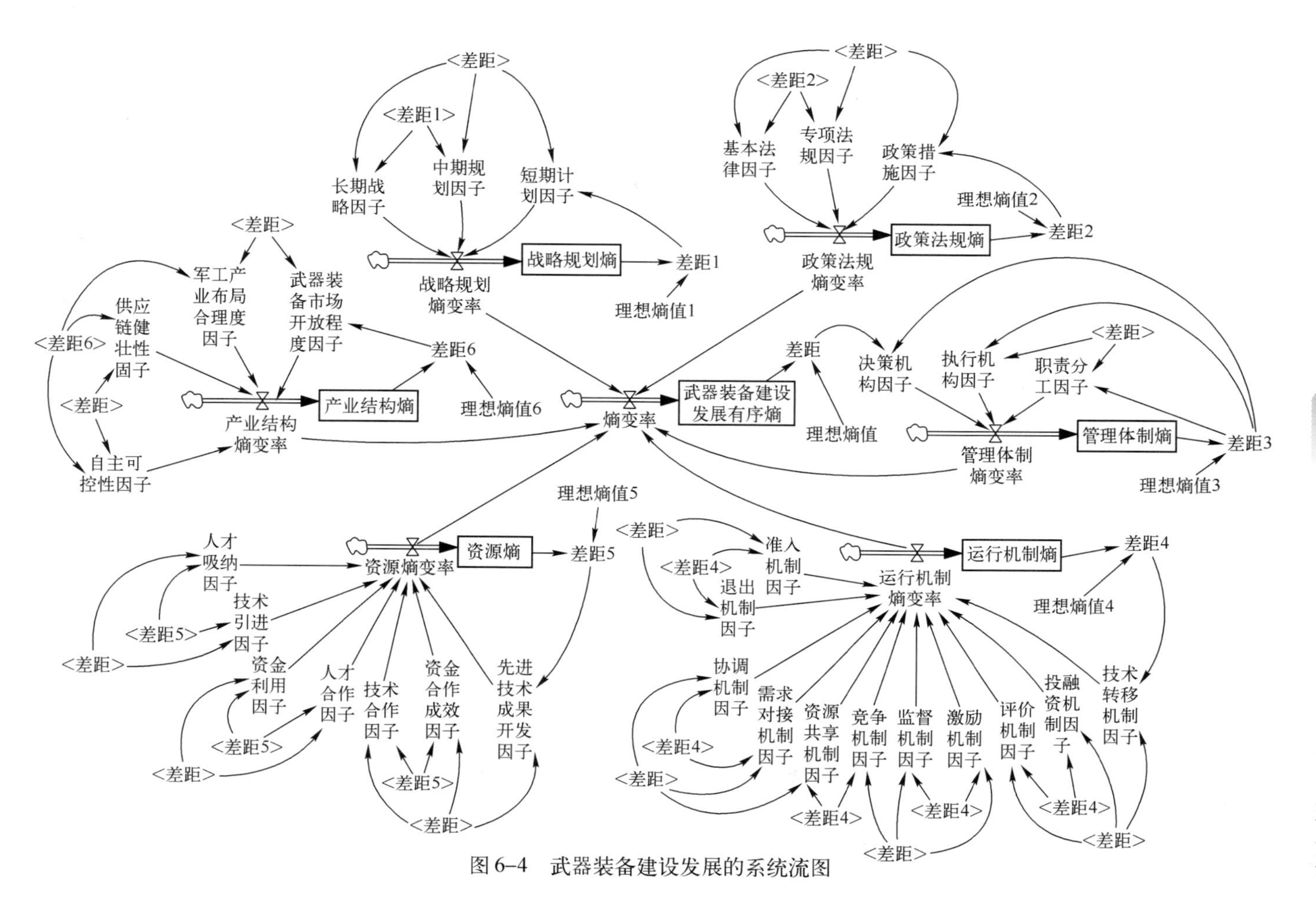

图 6-4 武器装备建设发展的系统流图

拟仿真，观察该装备维修领域建设发展的动态变化规律，分析不同影响因素对提高武器装备建设有序程度的作用大小。

武器装备建设系统动力学模型的运行环境为 Vensim PLE 软件，通过对模型参数赋值，可以模拟从当前状态开始该航空装备建设发展趋势。根据第 3 章的计算结果，可以得到该航空装备维修领域建设发展系统动力学模型状态变量的初始值，如表 6-1 所列。

表 6-1　某航空装备维修领域建设发展系统动力学模型状态变量的初始值

状态变量名称	武器装备建设发展有序熵	战略规划熵	政策法规熵	管理体制熵	运行机制熵	资源熵	产业结构熵
初始值	0.568	0.4062	0.8488	0.4608	0.7813	0.7305	0.5369

6.3.2 模型检测

1. 单位一致性检测

本书依据武器装备建设发展有序程度建立了系统动力学模型，模型中的变量是相关影响因素的有序熵值及熵值变化量的集合，因此变量单位统一，仿真时不会出现因单位不一致而发生错误的现象。

2. 结构合理性检测

本书在对武器装备建设发展体系进行分析时，查阅了大量的文献资料与研究报告，对我国武器装备建设发展的情况有了准确的认识。同时，通过搜集国外武器装备建设的先进经验，对我国武器装备建设发展有序程度的变化趋势进行科学预测，并通过深入调研，向相关领域专家进行详细咨询，科学构建武器装备建设发展系统动力学模型。因此，基本保证了所建立的模型结构与武器装备建设发展的现实与发展趋势相一致。

3. 系统稳定性检测

系统动力学认为，系统的行为模式与特性主要取决于其内部结构，对相关参数的变动不敏感，具有很强的稳定性。武器装备建设发展体系是受多种因素共同影响的复杂系统，同样也应该具有这种稳定性。

为了考察所建模型的稳定性，选取了不同步长进行仿真分析。用 DT 表示系统的仿真步长，在 DT 取值为 0.125，0.25，0.5，1 时对模型进行仿真，比较武器装备建设发展有序熵、战略规划熵、政策法规熵、管理体制熵、运行机制熵、资源熵、产业结构熵在采取不同步长时的仿真结果，如图 6-5 所示。

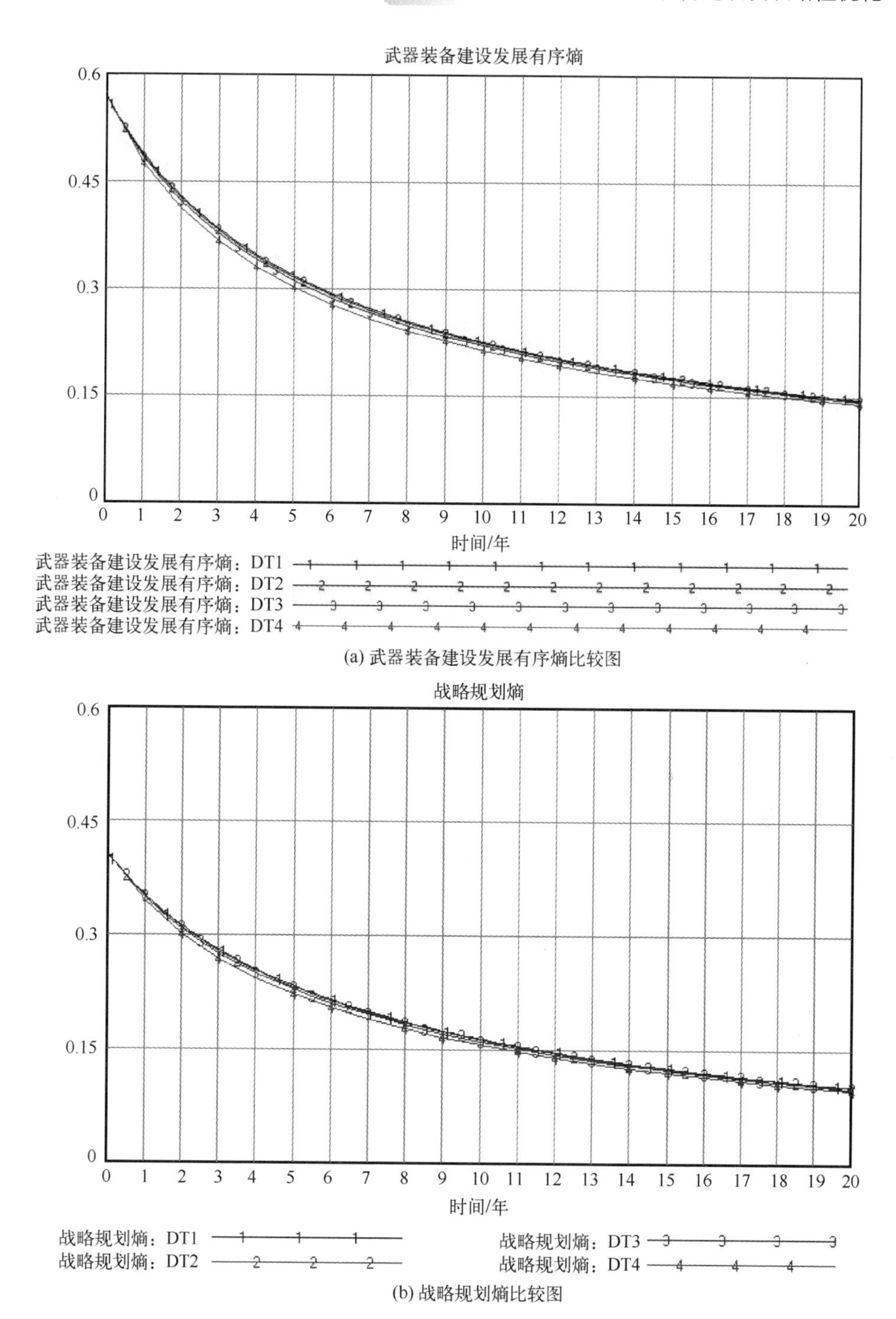

(a) 武器装备建设发展有序熵比较图

(b) 战略规划熵比较图

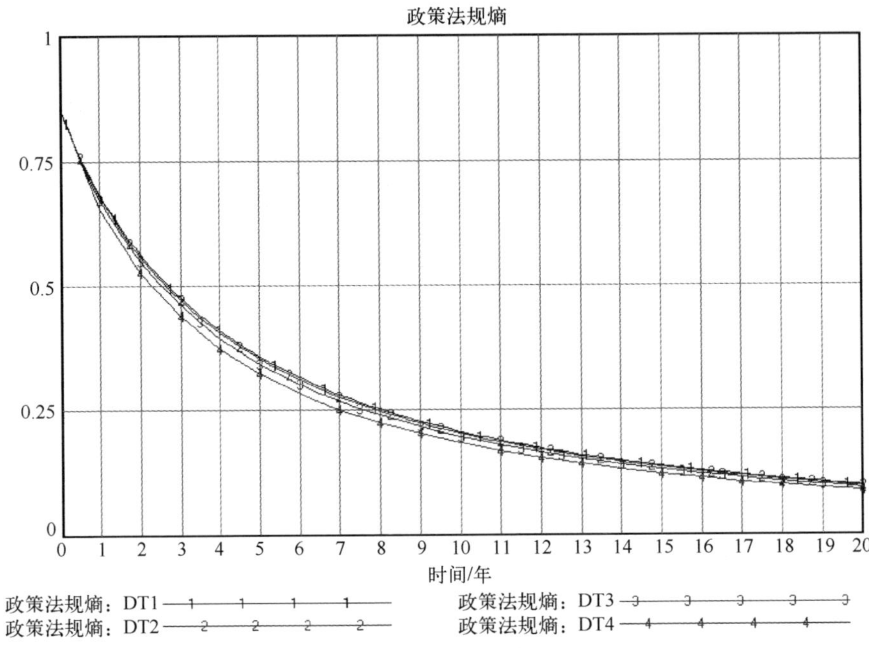

(c) 政策法规熵比较图

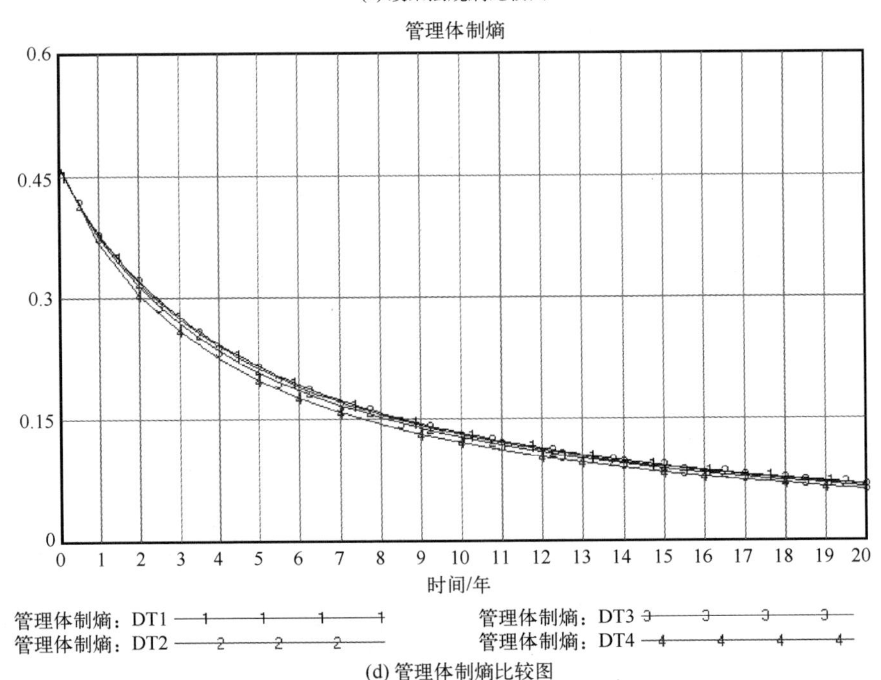

(d) 管理体制熵比较图

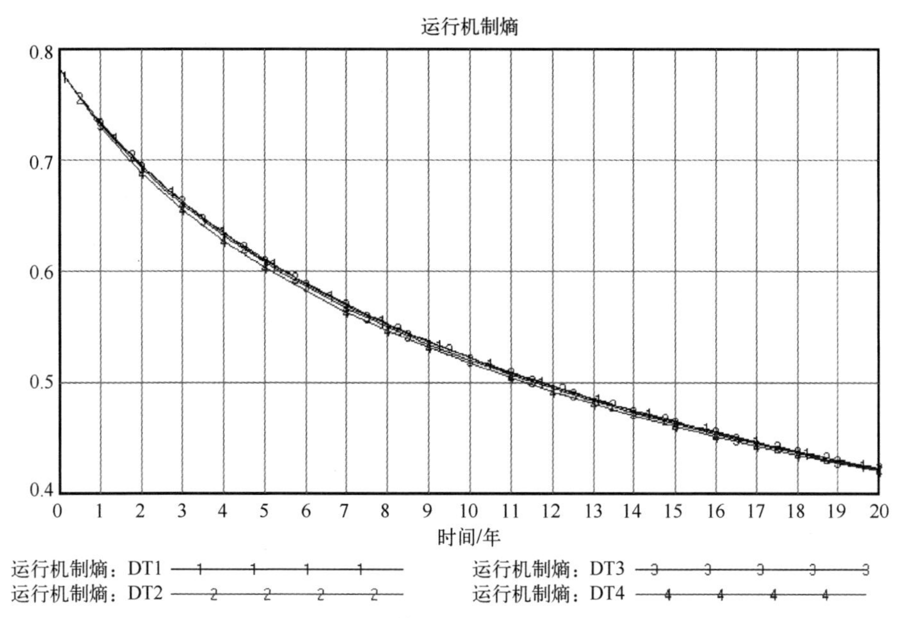

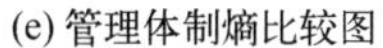
(e) 管理体制熵比较图

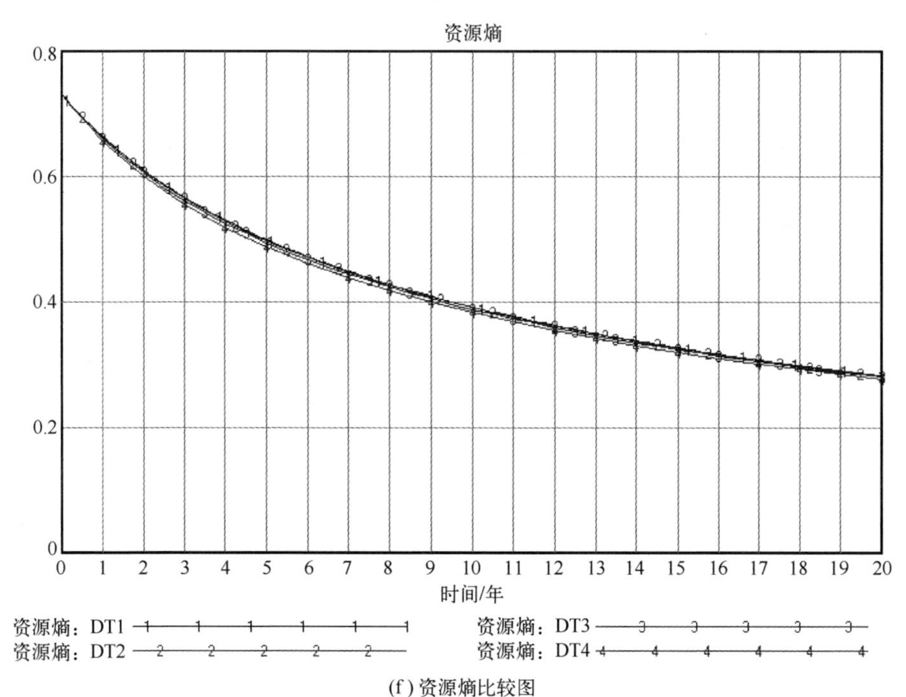

(f) 资源熵比较图

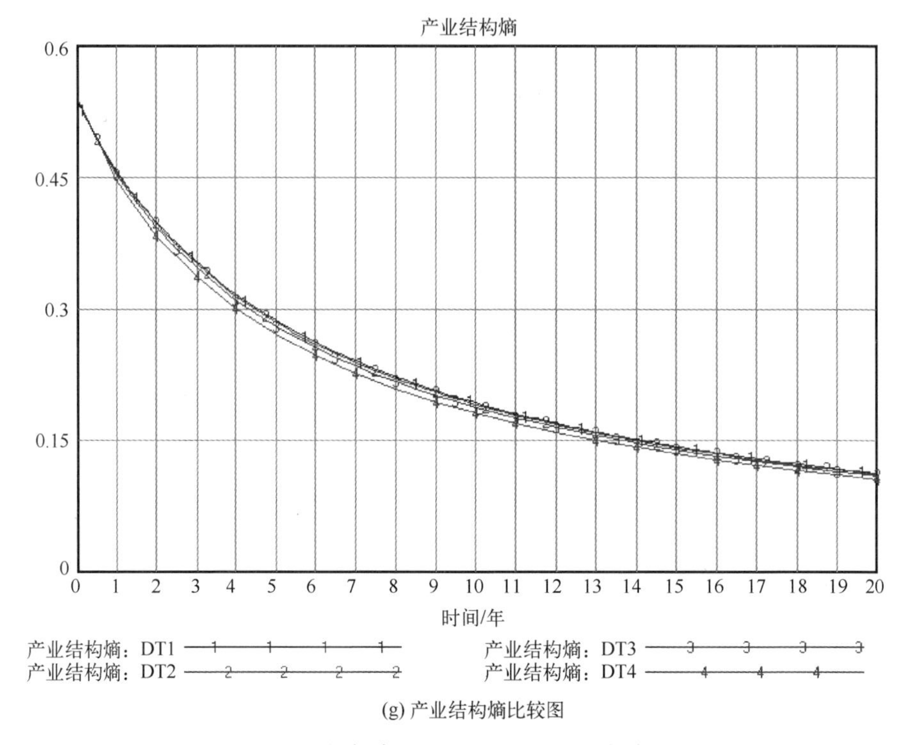

(g) 产业结构熵比较图

图 6-5　武器装备建设发展系统状态变量仿真比较图

从图 6-5 中的曲线可以看出，步长取值不同对变量的变化影响不大，这表明该武器装备建设发展体系的行为基本稳定。

6.3.3 模型构建

武器装备建设发展系统动力学模型共涉及变量 59 个（见表 6-1），其中包含状态变量 7 个（武器装备建设发展有序熵、战略规划熵、政策法规熵、管理体制熵、运行机制熵、资源熵、产业结构熵），速率变量 7 个（熵变率、战略规划熵变率、政策法规熵变率、管理体制熵变率、运行机制熵变率、资源熵变率、产业结构熵变率），辅助变量 38 个，常量 7 个。为了方便数值计算，本书假设所有变量均无量纲，则武器装备建设发展系统动力学模型涉及的有关变量及方程，见表 6-2。

表 6-2 武器装备建设发展系统动力学模型有关变量及方程

变量类型	变量名称	表达式
状态变量	武器装备建设发展有序熵	武器装备建设发展有序熵=INTEG(熵变率,A1)，A1 表示该航空装备维修领域有序熵的初始值
	战略规划熵	战略规划熵=INTEG(战略规划熵变率,A2)，A2 表示该航空装备维修领域发展战略熵的初始值
	政策法规熵	政策法规熵=INTEG(政策法规熵变率,A3)，A3 表示该航空装备维修领域政策法规熵的初始值
	管理体制熵	管理体制熵=INTEG(管理体制熵变率,A4)，A4 表示该航空装备维修领域管理体制熵的初始值
	运行机制熵	运行机制熵=INTEG(运行机制熵变率,A5)，A5 表示该航空装备维修领域运行机制熵的初始值
	资源熵	资源熵=INTEG(资源熵变率,A6)，A6 表示该航空装备维修领域资源熵的初始值
	产业结构熵	产业结构熵=INTEG(产业结构熵变率,A7)，A7 表示该航空装备维修领域产业结构熵的初始值
速率变量	熵变率	熵变率=战略规划熵变率×0.23+政策法规熵变率×0.13+管理体制熵变率×0.35+运行机制熵变率×0.13+资源熵变率×0.08+产业结构熵变率×0.08
	战略规划熵变率	战略规划熵变率=-(长期战略因子×0.16+中期规划因子×0.3+短期计划因子×0.54)
	政策法规熵变率	政策法规熵变率=-(基本法律因子×0.54+专项法规因子×0.3+政策措施因子×0.16)
	管理体制熵变率	管理体制熵变率=-(决策机构因子×0.4+执行机构因子×0.4+职责分工因子×0.2)
	运行机制熵变率	运行机制熵变率=-(准入机制因子×0.18+退出机制因子×0.1+协调机制因子×0.1+需求对接机制因子×0.15+资源共享机制因子×0.1+竞争机制因子×0.1+监督机制因子×0.06+激励机制因子×0.04+评价机制因子×0.06+投融资机制因子×0.04+技术转移机制因子×0.04)
	资源熵变率	资源熵变率=-(人才吸纳因子×0.09+技术引进因子×0.17+资金利用因子×0.09+人才合作成效因子×0.09+技术合作成效因子×0.17+资金合作成效因子×0.09+先进技术成果转化因子×0.3)
	产业结构熵变率	产业结构熵变率=-(武器装备市场开放程度因子×0.12+军工产业布局合理度因子×0.42+武器装备建设供应链的健壮性因子×0.23+军工产业的自主可控性因子×0.23)

续表

变量类型	变 量 名 称	表 达 式
辅助变量（部分）	长期战略因子	长期战略因子=差距×差距 1×0. 16
	中期规划因子	中期规划因子=差距×差距 1×0. 3
	短期计划因子	短期计划因子=差距×差距 1×0. 54
	基本法律因子	基本法律因子=差距×差距 2×0. 54
	专项法规因子	专项法规因子=差距×差距 2×0. 3
	政策措施因子	政策措施因子=差距×差距 2×0. 16
	决策机构因子	决策机构因子=差距×差距 3×0. 4
	执行机构因子	执行机构因子=差距×差距 3×0. 4
	职责分工因子	职责分工因子=差距×差距 3×0. 2
	差距	差距=武器装备建设发展有序熵-理想熵值
	发展战略熵差距	差距 1=战略规划熵-理想熵值 1
	政策法规熵差距	差距 2=政策法规熵-理想熵值 2
	管理体制熵差距	差距 3=管理体制熵-理想熵值 3
	运行机制熵差距	差距 4=运行机制熵-理想熵值 4
	资源熵差距	差距 5=资源熵-理想熵值 5
	产业结构熵差距	差距 6=产业结构熵-理想熵值 6
常量	理想熵值	0
	发展战略熵理想熵值	0
	政策法规熵理想熵值	0
	管理体制熵理想熵值	0
	运行机制熵理想熵值	0
	资源熵理想熵值	0
	产业结构熵理想熵值	0

6. 3. 4 仿真结果分析

对武器装备建设发展过程进行仿真时，仿真时间为 35 个单位时间，仿真步长为 1 个单位时间，单位时间的取值长短与制度措施变革的平均周期有关，模型中所有变量均无量纲。

1. 发展模式选取对武器装备建设发展有序熵值变化的影响分析

通过扩大或缩小关键因素的熵变量值，来模拟选取何种发展模式推动武器装备建设发展。

通过第 5 章对两种类型发展模式的比较分析，可以得出 6 类关键因素与两种发展模式之间的对应关系如表 6-3 所列。

表 6-3 6 类关键因素与两种发展模式之间的对应关系

发展模式类型	行政主导型发展模式	市场运作型发展模式
关键因素名称	战略规划因素、政策法规因素、管理体制因素、运行机制因素	资源因素、产业结构因素

在模拟采取某种发展模式时，将其所对应的关键因素熵变量扩大为原来的 3 倍，表示采取相关措施加大对该关键因素的建设与调整力度。由此得到，发展模式选取对武器装备建设发展有序熵值变化影响的示意图，如图 6-6 所示。

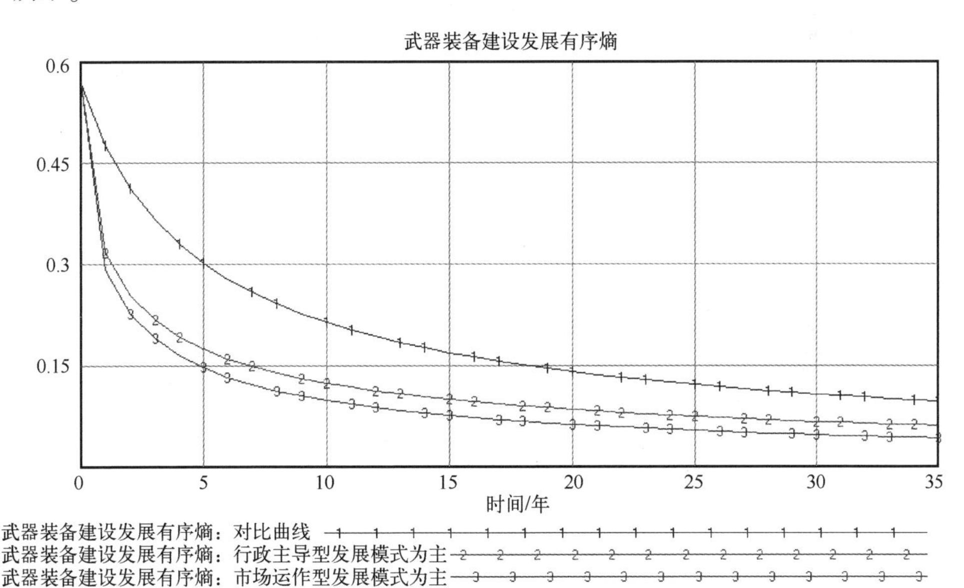

图 6-6 发展模式选取对武器装备建设发展有序熵值变化影响的示意图

图 6-6 中，曲线 1 为只依赖系统自身的反馈结构，对有序熵值进行相应的反馈调节得到的发展趋势曲线图；曲线 2 是采取行政主导型发展模式，通过增大战略规划因素、政策法规因素、管理体制因素、运行机制因素等关键因素的熵变量得到的发展趋势曲线图；曲线 3 是通过采取市场运作型发展模式为主、行政主导型发展模式为辅的发展方式，在行政主导型发展模式的基

础上，增大资源、产业结构等关键因素的熵变量得到的发展趋势曲线图。

通过观察仿真结果可以得出以下 3 个结论：

（1）在当前发展情况下，该航空装备建设领域采取本书建立的两种发展模式，加大对长期战略因子、中期规划因子、短期计划因子等 32 个影响因子的调整力度，可以有效提高武器装备建设的有序程度，特别是在前 5 个时间单位内，加大因子的调整力度，能够使有序熵值在较短的时间内由 0.568 降到 0.19。

（2）如果该航空装备建设领域在现有基础上，只依赖系统自身的反馈结构，对武器装备建设的相关秩序进行缓慢调节，则需要在相当长的时间内才能实现有序发展；如果现阶段注重采取行政主导型发展模式，加大对战略规划、政策法规、管理体制、运行机制等关键因素的调整力度，大概在 15 个单位时间时，能使武器装备建设发展有序熵值降到 0.1 左右；如果采取以市场运作型发展模式为主、以行政主导型发展模式为辅的发展方式，可以在第 9 个单位时间时使武器装备建设发展有序熵值降到 0.1 左右。由此可见，选择正确、合理的发展模式对于提高武器装备建设发展十分重要。

（3）在第 1 个单位时间内，曲线 2 与曲线 3 几乎重合，从第 1 个单位时间后，两条曲线才明显的区分开来，这很好地验证了前文得出的结论——行政主导型发展模式作为过程模式，采取这种方式其主要目的是打破发展过程中存在的制度束缚，为市场运作型发展模式发挥作用提供良好的制度环境。同时，也说明采取市场运作型发展模式，通过市场手段对军地资源进行优化配置，促使武器装备建设发展的时滞较长，其作用效果没有行政主导型发展模式迅速，需要一定的运行时间才能逐步显现。

综上，按照本书建立的发展模式及模式选择模型进行武器装备建设发展，能够有效降低有序熵，提高发展的有序程度。

2. 单个关键因素调整对武器装备建设发展有序熵值变化的影响分析

通过调整单因素的熵变量，模拟仿真单个关键因素调整对武器装备建设发展有序熵值变化的影响，具体做法如下：在分析某一关键因素对装备建设有序熵影响时，只增加该关键因素的熵变量，而使其他关键因素的熵变量维持原有变化水平，得到的仿真结果如图 6-7 所示。

图 6-7 中，曲线 1 为只依赖系统自身的反馈结构，对有序熵值进行相应的反馈调节而得到的发展趋势曲线图；其余 6 条曲线为调整单个因素熵变量而得到的发展趋势曲线图。从图中可以看出，不同的熵值条件下，改变关键

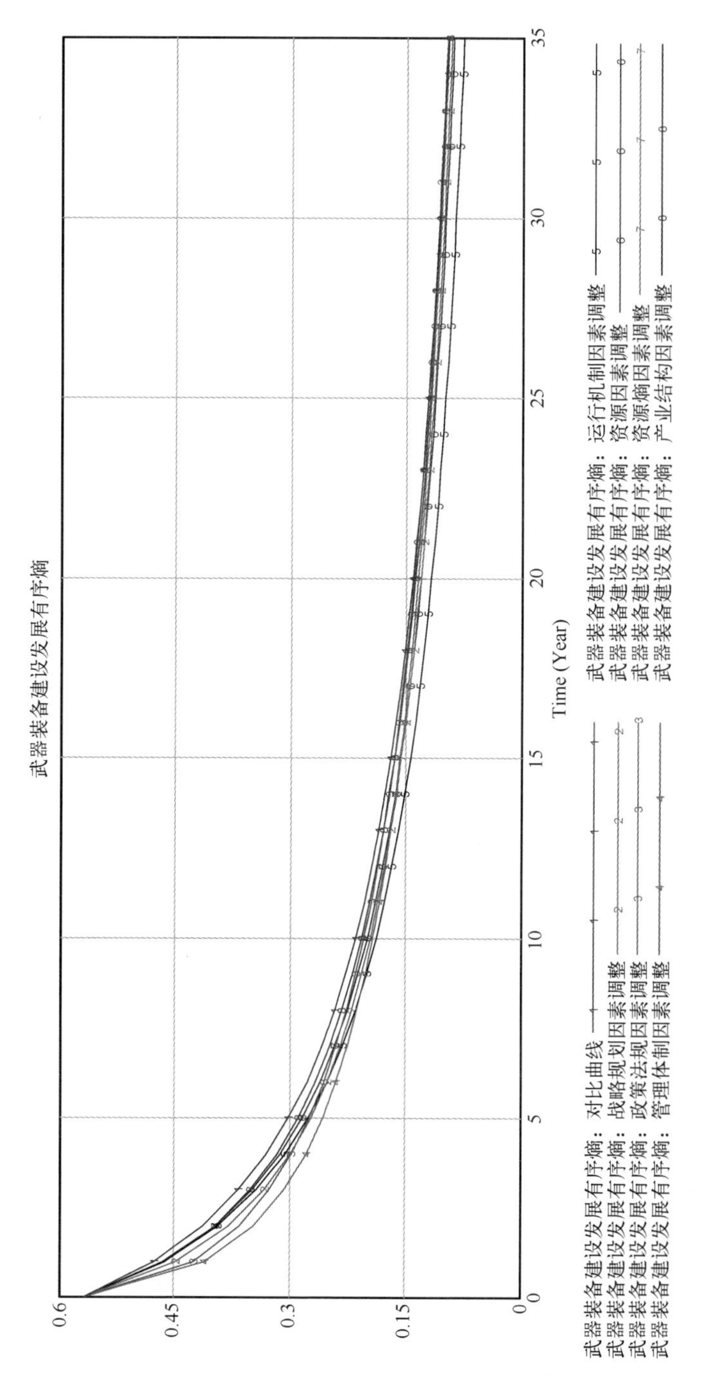

图 6-7 单个关键因素调整对武器装备建设军民融合熵值变化影响的示意图

因素的调整力度，对降低武器装备建设有序熵的影响程度不同。总体来说，在前 5 个单位时间内，加强管理体制因素、政策法规因素、战略规划因素、产业结构因素等关键因素的建设，使有序熵降低的幅度大于其余两种因素的作用程度。在第 5 个单位时间以后，管理体制因素、运行机制因素、资源因素等关键因素对有序熵的影响程度，明显高于战略规划因素、政策法规因素、产业结构因素等关键因素。呈现上述变化趋势的原因主要有：

（1）加强管理体制因素建设，使有序熵下降的效果最明显，这是因为：管理机构是武器装备建设发展战略的规划者、政策法规的出台者、运行机制的制定者、产业结构的调整者。构建组织有力、运行高效的管理机构，对于科学筹划、系统推进武器装备建设发展十分重要。因此，加强管理体制因素的建设，不仅是实施行政主导型发展模式的关键，也是提高武器装备建设有序程度的关键。

政策法规明确了武器装备市场的主体类型，以及主体的职责、权利与义务，为武器装备建设的相关活动提供法律依据和遵循。政策法规因素建设先行是世界发达国家推动武器装备建设发展的普遍选择，我国在武器装备建设发展中也要首先打好法律法规基础，使武器装备市场的相关经济活动有法可依、有法可循。

战略规划为武器装备建设发展描绘了蓝图，对武器装备建设发展的长期战略、中期规划、短期计划进行了具体部署，是一切行动的指南，具有目标指引作用。因此，前期加强战略规划因素建设，能够有效引入负熵。

国防科技产业是武器装备建设发展的基础，明确了具体的行业范围，指明了重点的发展方向。在前期发展中，加强产业结构因素调整，对于提高武器装备建设有序度十分重要。

综上，在有序熵较高的情况下，从这 4 种关键因素的建设入手，加强武器装备建设发展的总体布局，能够有效引进负熵，提高发展的有序程度。

（2）运行机制是武器装备建设相关活动的基本行为准则，是助发型机制，是根据武器装备建设规律与市场运行规律，人为的有目的建设而形成的机制。良好的制度环境是运行机制因素发挥作用的前提与基础，高效运行机制的建立需要以科学的战略规划作指导、以完善的政策法规作保障、以高效的管理体制进行统筹规划。因此，运行机制因素在前期对有序熵的影响效果要滞后于战略规划因素、政策法规因素、管理体制因素等，而在发展的中后期对降低有序熵的影响显著提高。

加强科技、人才、资金、信息等一切可利用资源的建设，保持资源优势既是企业生存发展之道，也是武器装备建设发展乃至社会发展的重要基础。资源因素建设贯穿于武器装备建设的始终，特别是在相关制度措施完善的情况下，保持和提高资源的融合成效和先进性是提高武器装备建设水平的重要着力点。

综上，在武器装备建设有序程度整体提高的情况下，加强运行机制因素、资源因素建设，能够有效降低有序熵值。

6.4 武器装备建设发展路径优化分析

1. 第一阶段

第一阶段是武器装备建设发展的起步阶段，是武器装备市场由“封闭运行”向“逐步开放”进行转变的阶段。这一阶段最显著的特点是武器装备市场的开放程度不高，规划计划不成熟，相关政策法规、管理体制、运行机制等配套制度处于缺失或不完善的状态，资源分配和产业结构也不够合理，在原有旧制度的束缚下，武器装备建设发展有序程度低，熵值较大。

这一阶段的主要任务是通过行政主导型发展模式，打破市场封闭运行的状态，为外界的物质、能量、信息流入提供渠道，初步制定相关规划计划，建立相应管理机构，通过政策引导鼓励民口单位积极参与相关项目竞争，从完善准入机制入手，根据发展需求循序渐进地推进运行机制建设，逐步破除影响武器装备建设发展的制度障碍。武器装备建设发展路径第一阶段的推进过程如图 6-8 所示。

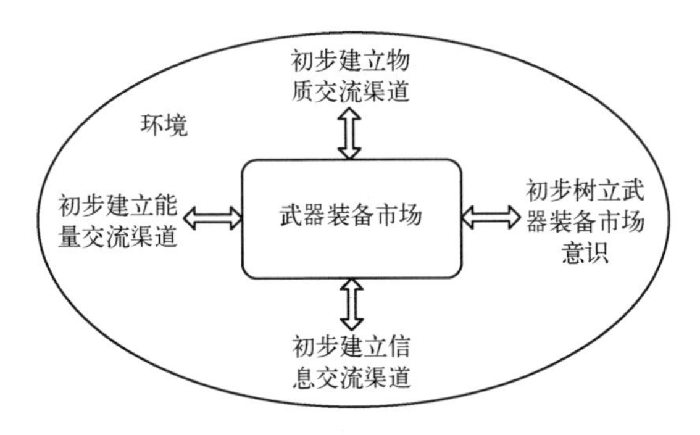

图 6-8 武器装备建设发展路径第一阶段的推进过程

2. 第二阶段

第二阶段是武器装备建设制度体系快速发展的阶段，也是相关制度变革快速供给的阶段。这一阶段的主要任务是通过行政主导型发展模式，继续建立和完善相关制度体系，使武器装备市场得到进一步开放，为武器装备建设发展引入更多的负熵。

根据第三节的仿真结果可以知道，武器装备建设制度变革要突出重点，循序渐进。在制度体系构建过程中，应当突出管理体制因素建设的优先地位，这是合理制定战略规划、科学构建法律法规体系、建立健全运行机制、优化配置军地资源、合理调整产业结构的基础。具体实施措施有以下几点：首先，在管理体制因素建设中，建立层次分明、职责清晰的组织领导机构和沟通协调机构，为政府与军队之间、政府与企业之间、军队与企业之间沟通对话提供渠道，使发展中遇到的问题能够及时地得到解决，消除管理体制落后引发的系统正熵。其次，在战略规划因素建设中，要以加速实现武器装备现代化为战略引领，针对武器装备建设实践中的具体问题与突出矛盾，制定长期战略、中期规划、短期计划，并加强规划、计划执行的监督力度，消除战略规划脱离实际引发的系统正熵。再次，在政策法规因素建设中，既要注重法律法规体系的完整性，又要注重相互之间的配套性，通过立、改、废，增强政策法规体系的科学性、系统性、可行性和有效性，为负熵的流入提供法律保障。最后，在运行机制因素建设中，不仅要保证机制的健全性与协调性，还要紧贴武器装备建设发展的现实需求，加强机制的经常性建设，消除运行机制障碍引发的系统正熵。

这一阶段，随着战略规划、政策法规、管理体制、运行机制等方面负熵的引入，武器装备市场的制度环境不断得到优化，为市场机制发挥作用提供了条件，使市场对资源的调配能力逐步增强。但是由于制度体系的不完善，市场机制的作用效能受到严重制约，只能在有限范围内发挥作用。因次，这一阶段采取的是以行政主导为主、市场运作为辅的发展模式。武器装备建设发展路径第二阶段的推进过程如图 6-9 所示。

3. 第三阶段

第三阶段既是市场机制对军地资源调配能力不断增强的阶段，也是武器装备建设制度体系的完善阶段。这一阶段的主要任务分为两方面：一是充分发挥市场的利润和效益导向作用，加强军地资源的优化配置；二是进一步健全和完善武器装备建设制度体系。

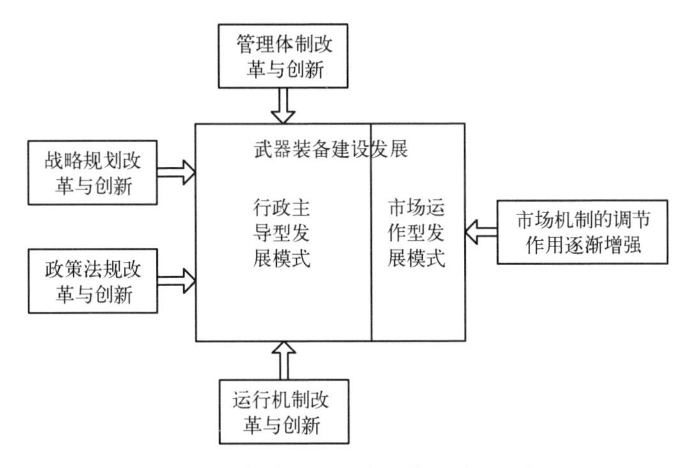

图 6-9 武器装备建设发展路径第二阶段的推进过程

培育良好的竞争市场是保证市场机制充分发挥作用的基础，这就要求：首先，在产业结构因素建设中，一方面要扩大武器装备建设军民协同发展的产业范围，这是提高武器装备市场开放程度的关键，也是促使耗散结构形成的关键；另一方面要合理调整“军”“民”承担武器装备建设任务的比例，要以保证传统的军工优势与培育更多的市场竞争主体为原则，在积极发挥竞争机制优胜劣汰作用的同时，充分兼顾军工企业与民口企业的经济利益，使国防科技产业在良性互动中发展。其次，在资源因素建设中，一方面要始终保持资源建设的先进性，通过技术创新的驱动作用与引领作用，增强企业的竞争实力，进一步扩大国防科技产业的合作范围、合作领域，使资源在更广范围内进行自由流通。要注重军民两用技术的开发与应用，通过民技军用缩短技术的开发周期，提高技术的利用效率。要加强人才资源建设，人才既是技术创新的主体，也是武器装备建设的具体实施主体，要创新人才引进渠道、引进方式，通过多种形式的合作方式加强人才资源的交流、共享，使优秀人才成为推动武器装备建设发展的主体力量。要创新资本合作方式，充分引进社会资本共同参与武器装备重大项目建设，为武器装备建设提供充足的财力支撑等。另一方面，要注重各类资源的融合成效，武器装备建设对先进技术、工艺、材料等的要求很高，不论是技术融合、人才融合，还是资本融合、信息融合等其他资源融合，都要突出军事效益的优先地位，要以提高武器装备建设效率与水平为原则进行融合，使高质量的融合成为重要的负熵来源。

这一阶段，应在大力运用市场运作型发展模式推进武器装备建设发展的基础上，继续发挥行政主导型发展模式的作用，对制度体系建设中的不科学、不合理、不健全之处继续完善与发展，进一步消除由制度障碍引发的系统正熵。武器装备建设发展路径第三阶段的推进过程如图 6–10 所示。

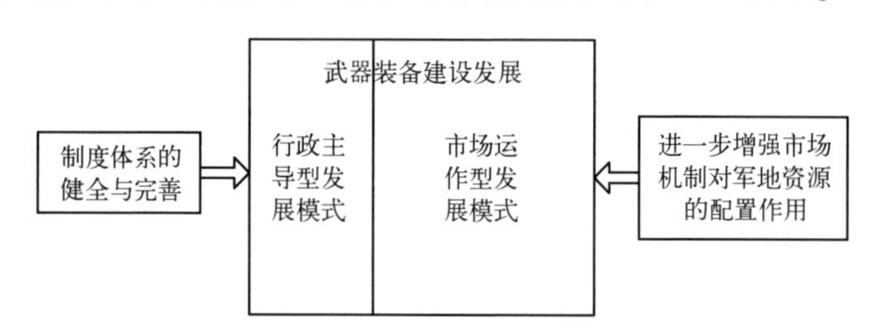

图 6–10　武器装备建设发展路径第三阶段的推进过程

4. 第四阶段

第四阶段最显著的特点是市场成为军地资源优化配置的基本手段，武器装备建设的自适应性增强。物质、能量和信息在高度开放的武器装备市场中自由流动，不断注入负熵，抵消发展过程中自发产生的熵增，使有序熵维持在较低水平。

这一阶段，国家只对武器装备建设进行必要的宏观调控，在武器装备承研、承制与承修单位选择时，要充分发挥市场机制的调节作用，通过利润和效益导向使更多优势的技术资源、人才资源与维修保障资源进入武器装备建设领域，从而实现武器装备建设资源的优化配置，提高武器装备建设水平。武器装备建设发展路径第四阶段的推进过程如图 6–11 所示。

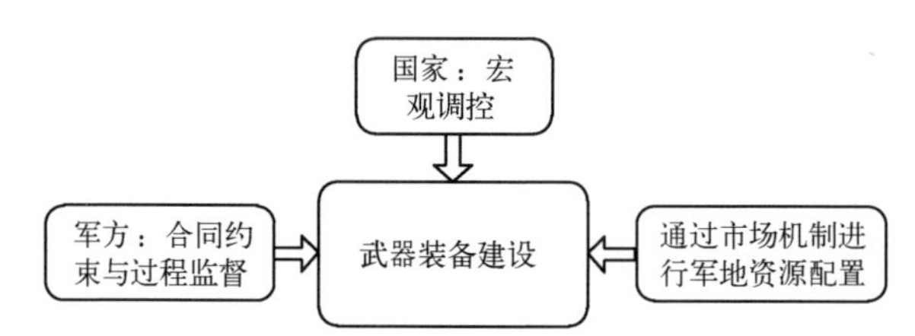

图 6–11　武器装备建设发展路径第四阶段的推进过程

参考文献

[1] 中共中央文献研究室，中国人民解放军军事科学院．毛泽东军事文集［M］．北京：军事科学出版社、中央文献出版社，1993.

[2] 邹晓东，陈艾华．面向协同创新的跨学科研究体系［M］．杭州：浙江大学出版社，2014.

[3] Peter MacDonald. Economics of Military Outsourcing［D］. York：The University of York，2010.

[4] Lavallee Tara M. Civil-Military Integration：The Politics of Outsourcing National Security［J］. Bulletin of Science，Technology & Society，2010，30（3）：185-194.

[5] Driver，Darrell. The European Union and the Comprehensive Civil-Military Approach in Euro-Atlantic Security：Matching Reality to Rhetoric［R］. Baltimore. Johns Opkins Univ Washington DC School of Advanced International Studies，2010 Jan.

[6] 刘军．军事装备保障外包研究［D］．长沙：国防科技大学，2006.

[7] J Eric Fredland. Outsourcing Military Force：a Transactions Cost Perspective on the Role of Military Companies［J］. Defence and Peace Economics，June 2004.

[8] Colonel Timoty A. Vuono. Challenges for Civil-Military Integration During Stability Operations［D］. Carlishe：U. S. Army War College，10 April 2008.

[9] Kutz，Gregory D. Military and Dual-Use Technology. Covert Testing Shows Continuing Vulnerabilities of Domestic Sales for Illegal Export［R］. Washing DC：Government Accountability Office，2009.

[10] Åse K Jakobsson. Innovation and Emergent Technologies for Defence-Logic and Creativity［C］. IEEE System Australia，2014.

[11] MOD science and technology strategy 2017［EB/OL］. https://www.gov.uk/government/publications/mod-science-and-technology-strategy-2017，2017-10-30.

[12] 李雯君，刘振江，蔡文君．美国国防创新小组的建设经验及启示［J］．军事文摘，2020（07）：57-59.

[13] William B Linscott. Civil-Military integration：The Context and Urgency［J］. Acquisition

Review Quarterly-Fall, 1999, 2000: 395-404.

[14] LTC Victoria H. Diego-Allard. Civil Military Integration: Pumping New Life into Aging Gear [D]. Carlishe: U. S. Army War College, 09 April 2002: 1-34.

[15] Rusco, Frank, Williams, etc. Small Business Innovation Research: SBA Should Work with Agencies to Improve the Data Available for Program Evaluation [R], Washington DC. Government Accountability Office, 2011.

[16] Jacques S. Gansler, William Lucyshyn. Eight Actions to Improve Defense Acquisition [R]. Washington DC: University of Maryland, 2013.

[17] William Lucyshyn. Improving Production Efficiency [C]. Civil-Military Industrial Integration and Science & Technology Innovation, 2013.

[18] 刘勇．道路交通系统的熵理论应用研究［D］. 西安：长安大学，2003.

[19] 陈宜生，刘书声．谈谈熵［M］. 长沙：湖南教育出版社，1993.

[20] 里夫金．熵：一种新的世界观［M］. 上海：上海译文出版社，1987.

[21] 邱苑华．管理决策与应用熵学［M］. 北京：机械工业出版社，2002.

[22] 王丽平，许娜．能力策略研究——基于熵理论和耗散结构视角［J］. 中国科技论坛，2011（12）：54-59.

[23] 张敏，刘沃野．熵理论在装备采购组织结构优化中的应用［J］. 火力与控制，2009（5）：153.

[24] 庄钟锐．基于熵理论的作战指挥系统组织结构_OCSOS_描述与评价［D］. 长沙：国防科学技术大学，2009.

[25] 冀鹏伟，张献国．基于熵理论的组织结构柔性度分析方法［J］. 内蒙古大学学报，2012（4）：372.

[26] 苏宪程，唐小丰．基于熵理论的装备管理组织结构优化研究［J］. 装备学院学报，2014（6）：38.

[27] 张桂峰．熵理论在公路工程建设项目管理决策中的应用研究［D］. 重庆：重庆交通学院，2004.

[28] 张明宏．熵理论及其在项目管理决策中的应用研究［D］. 西安：西安建筑科技大学，2004.

[29] 张群．熵理论在管理决策分析中的应用研究［D］. 南京：南京信息工程大学，2007.

[30] 李电生，夏国建．基于结构熵的供应链系统有序度评价研究［J］. 北京交通大学学报，2008（4）：40.

[31] 邹志勇，武春友．基于熵理论的企业能力测度模型研究［J］. 技术经济，2008（7）：109.

[32] 郑婷婷．基于熵理论的煤炭产业可持续发展研究［D］. 太原：太原理工大学，2010.

[33] 王中一．基于熵理论的中小企业成长性研究［D］. 青岛：青岛科技大学，2012.

[34] 沈雪石，张爱军，赵海洋．颠覆性技术对武器装备发展的影响及思考［J］．国防科技，2015（3）：18-21.
[35] 赵辉，胡滨．改革开放以来国防科技与武器装备建设的经验［J］．海军工程大学学报（综合版），2015（4）：56-59.
[36] 谭云刚．国防科技工业和武器装备建设改革发展必须朝向五个转变［J］．网信军民融合，2019（7）：17-20.
[37] 李雄，方剑，安洪伟，等．新时期武器装备建设新观念研究［J］．装甲兵工程学院学报，2007（1）：9-12.
[38] 许宏亮．国防科技军民一体自主创新模式的探索［J］．网信军民融合，2019（7）：21-25.
[39] 姚宏林．科学技术进步持续推动武器装备建设创新发展［J］．中国军转民，2017（4）：66-68.
[40] 肖力．论新中国的武器装备体制发展［J］．国防科技，2015（2）：76-80.
[41] 李晓松，李增华，肖振华．民口企事业单位参与武器装备建设的决策分析［J］．装甲兵工程学院学报，2019（1）：7-12.
[42] 谭云刚．深入推进武器装备科研生产领域“民参军”的几点思考［J］．网信军民融合，2018（9）：37-42.
[43] 韩庆贵．我国国防科技工业和武器装备建设管理体制沿革研究［J］．国防，2017（12）：72-77.
[44] 徐鹏飞，孟庆龙，张雪胭．我国武器装备管理制度变迁的路径依赖于创新［J］．装备学院学报，2015（1）：10-13.
[45] 刘海林，钟庭宽．武器装备领域改革强军战略的思考［J］．国防，2017（5）：36-38.
[46] 蒋玉娇，谢文秀，屈亮．基于博弈论的民营企业在军品市场中的利益分析［J］．装备学院学报，2016（3）：80-84.
[47] 刘向辉．市场经济条件下国防资产的概念及所有权分析［J］．中国国防经济，2010（6）：82-85.
[48] 白凤凯，杜汪洋，李宏，等．我国军品市场准入制度研究［J］．装备学院学报，2013（4）：29-32.
[49] 中国社会科学院语言研究所．现代汉语词典［M］．北京：商务印书馆，2002.
[50] 夏正农．辞海［M］．上海：上海辞书出版社，2002.
[51] 王雷．装备维修保障能力生成模式研究［D］．北京：装备学院，2013.
[52] 于洪敏，舒延河，刘佳妮．试论装备保障能力生成模式转变［J］．装备指挥技术学院学报，2011（4）：2.
[53] 商务印书馆辞书研究中心．新华词典［M］．北京：商务印书馆，2001.

[54] 吕彬，张代平，等．美国国防高技术项目管理概览［M］．北京：国防工业出版社，2011.
[55] 普里高津．从存在到演化［M］．上海：上海科学技术出版社，1986.
[56] 任志新．系统自组织理论在企业管理中的运用［J］．商业时代，2005（9）：39-39.
[57] 史宪铭．系统科学与方法论［M］．北京：兵器工业出版社，2017.
[58] 钱海皓．武器装备学教程［M］．北京：军事科学出版社，2000.
[59] 李彩良．基于熵理论的和谐社会评价与优化研究［D］．天津：天津大学，2009.
[60] 诺思．制度、制度变迁与经济绩效［M］．杭行，译．上海：格致出版社　上海三联书店　上海人民出版社，2014.
[61] 唐世平．制度变迁的广义理论［M］．北京：北京大学出版社，2016.
[62] 钟永光，贾晓菁，钱颖．系统动力学［M］．北京：科学出版社，2013.
[63] 王其藩．系统动力学［M］．北京：清华大学出版社，1994.
[64] 何清成，王颖．基于系统动力学的体系作战能力生成模式研究［J］．管理评论，2012（6）.
[65] 周碧松．国防科技创新和武器装备发展［M］．北京：经济科学出版社，2017.
[66] 周碧松．中国特色武器装备建设道路研究［M］．北京：国防大学出版社，2012.
[67] 雷亮．世界武器装备发展概论［M］．北京：国防工业出版社，2017.
[68] 王磊，韩力，赵超阳．以色列装备建设的主要做法与经验［J］．外国军事学术，2014（2）：71-73.
[69] 武希志．美英法德四国武器装备管理体制研究［J］．军事经济研究，1998（11）：77-79.
[70] 于海宽，张岩．俄罗斯武器装备发展战略调整的新思路［J］．外国军事学术，2013（11）：64-67.
[71] 薛海玲．我国武器装备建设战略实践刍议［J］．军事历史研究，2011（1）：135-138.
[72] 桑德勒，哈特利著．国防经济学［M］．姜鲁鸣，罗永光，译．北京：北京理工大学出版社，2007.
[73] 王磊，吕彬，程享明．美军武器装备信息化建设管理与改革［M］．北京：国防工业出版社，2016.
[74] 腾渊．建国后军队武器装备管理体制的沿革［J］．武器装备，2009（4）：48-49.

附　　录

附录一：武器装备建设发展影响因素重要程度评价的调查表

您的职业：________所属机构：（军队机关、军工企业、军工科研院所、军队科研院所、军队院校、军队工厂、其他：________________）

感谢您参加本次调查问卷，本问卷主要针对书中所列影响武器装备建设发展的内外部因素的重要程度进行调查，所有问题没有对错，很想倾听您的意见，您的回答将完全保密，耽误您几分钟时间，感谢您的协助与支持！

请您对影响武器装备建设发展内外部因素的重要程度进行评分，在对应分值的“□”内打钩。各分值所代表的含义分别为：1 代表很不重要，2 代表不重要，3 代表较不重要，4 代表一般，5 代表较重要，6 代表重要，7 代表很重要。

序号	影响因素	1	2	3	4	5	6	7
1	武器装备建设发展战略环境	□	□	□	□	□	□	□
2	基础设施建设环境	□	□	□	□	□	□	□
3	国防科技工业技术基础建设环境	□	□	□	□	□	□	□
4	人才资源环境	□	□	□	□	□	□	□
5	通用技术发展环境	□	□	□	□	□	□	□
6	市场经济环境	□	□	□	□	□	□	□
7	军工企业改革	□	□	□	□	□	□	□
8	国防科技工业产业格局	□	□	□	□	□	□	□
9	国防科技工业产业组织模式	□	□	□	□	□	□	□
10	国防科技工业产业战略性调整	□	□	□	□	□	□	□

续表

序号	影响因素	1	2	3	4	5	6	7
11	管理机构	□	□	□	□	□	□	□
12	准入机制	□	□	□	□	□	□	□
13	退出机制	□	□	□	□	□	□	□
14	协调机制	□	□	□	□	□	□	□
15	需求对接机制	□	□	□	□	□	□	□
16	资源共享机制	□	□	□	□	□	□	□
17	公平竞争机制	□	□	□	□	□	□	□
18	监督机制	□	□	□	□	□	□	□
19	激励机制	□	□	□	□	□	□	□
20	评价机制	□	□	□	□	□	□	□
21	技术转移机制	□	□	□	□	□	□	□
22	价格机制	□	□	□	□	□	□	□
23	投融资体制	□	□	□	□	□	□	□
24	国防法	□	□	□	□	□	□	□
25	中国人民解放军装备采购条例	□	□	□	□	□	□	□
26	装备采购合同管理规定	□	□	□	□	□	□	□
27	竞争性装备采购管理规定	□	□	□	□	□	□	□
28	武器装备科研生产许可管理条例	□	□	□	□	□	□	□
29	武器装备科研生产许可实施办法	□	□	□	□	□	□	□
30	武器装备科研生产许可退出管理规则	□	□	□	□	□	□	□
31	装备承制单位资格审查管理规定	□	□	□	□	□	□	□
32	措施意见	□	□	□	□	□	□	□
34	武器装备建设产业的具体范围	□	□	□	□	□	□	□

1. 除上述影响因素外，您认为影响武器装备建设发展的因素还有哪些？

____

2. 上述影响因素中，您认为有哪些因素需要修改？

____

附录二：某航空装备维修领域有序熵评价指标建设情况调查表

您好，感谢您能够抽出宝贵的时间对某航空装备维修领域有序熵评价指标建设情况作出判断，十分希望得到您的建议及基于丰富经验的判断。

请您根据所提供的某航空装备维修领域发展的实际情况，对评价指标的建设情况进行评分。指标的建设水平分为“好、较好、不好、非常不好”4个选项：85~100分表示指标建设水平好，70~85分表示指标建设水平较好，55~70分表示指标建设水平不好，55分以下表示指标建设水平非常不好。

目标层	一级指标	二级指标	好（85~100）	较好（70~85）	不好（55~70）	非常不好（55以下）
武器装备建设发展有序熵评价	战略规划熵	长期发展战略的制定情况				
		中长期发展规划的制定情况				
		短期计划举措的制定情况				
	政策法规熵	基本法律的制定情况				
		专项法规的制定情况				
		规范性政策措施的制定情况				
	管理体制熵	决策机构的设置情况				
		执行机构的设置情况				
		机构之间的职责分工情况				
	运行机制熵	准入机制				
		退出机制				
		沟通协调机制				
		需求对接机制				
		资源共享机制				
		竞争机制				
		监督机制				
		激励机制				
		评价机制				
		投融资机制				
		技术转移机制